JN081031

ダチョウ博士の人畜無害のすゝめ

ダチョウのおかげでガクチョウになった！

京都府立大学 学長
塚本康浩

ビジネス社

はじめに

サルみたいな顔をした、飛べない鳥がいる。

エミューというヒクイドリ目ヒクイドリ科の鳥で、ダチョウにつぐ大型の鳥だ。

オーストラリアの先住民、アボリジニのあいだでは、昔から神の鳥として大切にされてきた。といっても、その脂は塗り薬に、肉や卵は食用にされてしまうのだから、エミューにはありがた迷惑な話なのだけれども……。

最近、ぼくはこの神の鳥とよく散歩をする。何をかくそう、ぼくが勤務する京都府立大学（以下、京都府大）のキャンパスで飼育しているのだ。

散歩仲間は三人、いや三羽いる。

太郎、次郎、三郎。

生まれた順に名前をつけた。

エミューは性格がおだやかで、さわっても、背中にまたがっても

怒らない。それどころか、頭がよくて好奇心が旺盛だ。

どれほど賢いかというと、サッカーをやって遊ぶ。頭のよさはカラスやオウムにはおよばないが、カラスもオウムもサッカーはできない。

鳥がサッカーをするなんて、ウソやろ?

と思うだろう。ぼくだって最初は自分の目を疑った。

二〇一九年一一月、紅葉も間もなく終わるというある日、エミューと散歩をしながら、サッカー場のそばを通りかかった。そのとき、学生たちは練習試合中。「青春やなあ」と思った次の瞬間、エミューの一羽が競技場に向かって走り出した。見ると、サッカーボールめがけて走っている。

「うわッ、何するつもりや」

突然の闖入者に、学生たちが呆気にとられているうちに、エミューはサッカーボールを奪い取り、ゴールに向かってキックした。

ゴロゴロゴロゴロ。

サッカーボールは、ぽか〜んと立ち尽くすゴールキーパーの脇をすり抜け、ゴールに入った。

エミュー三姉弟の太郎、次郎、三郎

サッカー場に一瞬の沈黙が広がった。それから、ぼくも含めて全員が我に返り、大爆笑した。

「犬みたいや」

「じゃれとんのか？」

エミューがサッカーをやるなんて、前代未聞の話だ。ところが、当事者のエミュー（あとでわかったのだが、次郎のしわざだった）は、ぼくらの驚きも、ざわめきもどこ吹く風。プイッと方向転換すると、サッカー場を出て、またアスファルトの道をトコトコ歩きだした。身長一メートル八〇センチ、なで肩、首長、茶褐色の羽毛に包まれたエミューの後ろ姿を追いながら、ふと閃（ひらめ）いた。

よし、こいつらにサッカーボールを買うてやろ、と思ったが、その手間は省けた。ぼくの研究室に、ダチョウ牧場で拾ったサッカーボールがあったのだ。

翌日は土曜日だった。

ぼくは学生たちが練習をはじめる前に、高校生の娘を連れて大学へ行った。そして、三羽を飼育小屋から解放し、いつもどおりキャンパスを歩かせて、サッカー場へ直行した。みんな、ぼくのことを母親みたいに思っているのか、ぼくの行くところならどこにでもついてくる。

ぼくは、ゴールのそばで足を止め、小脇に抱えていたボールをおもむろに地面に置いた。そして、エミューめがけてボールを蹴った。

ぼくの周りをうろうろしていた次郎が、そのボールを追いかけて、ガシッと足裏で止めた。

さて、どうするのだろう？

次郎は、ためらう様子も見せず、ぼくにボールを蹴り返してきた。こいつはイルカの頭脳を持ったエミューだ！

娘がキャアキャア歓声をあげた。

面白いから、ぼくもボールを蹴り返した。次郎は、またまたガシッと足裏でボールを受け止め、今度は、ゴールキーパー役の娘のほうへ蹴った。

娘が次郎にボールを蹴り返す。すると、次郎はそのボールをキャッチして、娘に返した。

何度もくり返す。ここまでできれば、「エミューがサッカーをする」といっても大げさじゃない。

ただ、からだの構造上、人間のように足の甲にボールをのっけてポーンとキックできな

い。

なぜなら、エミューの趾（あしゆび）は三本。シワシワの指の先には、形の整った楕円形（だえんけい）のツメがある。そう、映画「スター・ウォーズ」のヨーダの手にそっくりなのだ。で、スッと伸びた脚の末端に趾があり、その部分でからだを支えている。

自分の手の親指、人差し指、中指の三本を床につけて逆立ちをすると、ボールをキックできない事情を実感できると思う。

エミューサッカーでは、趾をボールの上にのせて、ズリッと前方に押し出す。その弾みで、ボールはゴロゴロと転がる。

最初は次郎しかできなかったが、そのうち、太郎も三郎もサッカーボールを蹴るようになった。ぼくがキャッチしたボールを返すと、エミューたちはそれをキャッチして、また、ゴロゴロゴロ。

お～ッ、アホなダチョウと全然ちゃうわ。

ぼくがダチョウに出会ったのは一九九六年だった。そして、ダチョウの卵を使った抗体

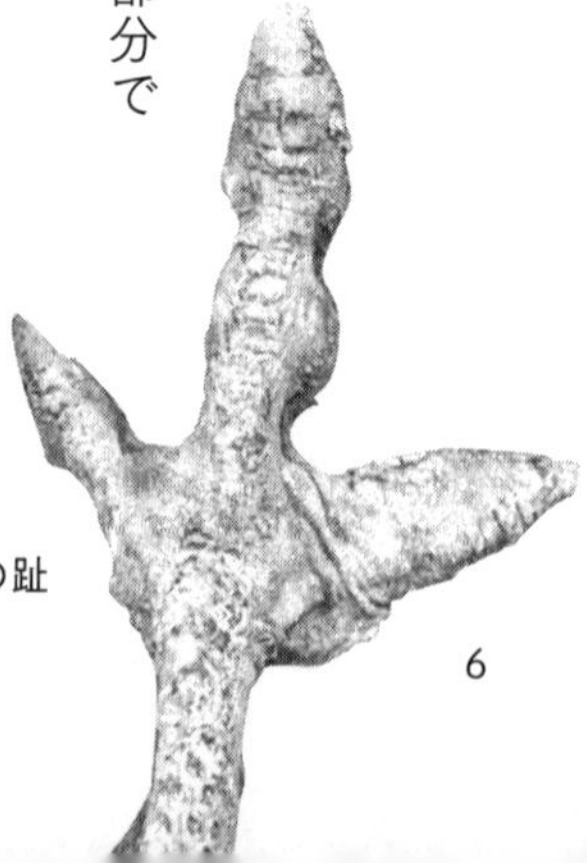

エミューの趾
（あしゆび）

の研究を本格的にはじめたのが二〇〇三年。その後、二〇〇八年にインフルエンザウイルスに対抗できるダチョウ抗体の開発に成功した。

当時、ぼくをはじめ、鳥や感染症の研究者のあいだでは、インドネシアで散見されていた高病原性鳥インフルエンザH5N1の人間への感染が問題視されていた。

致死率が八〇パーセントだから、万が一パンデミックにでもなったら、どえらいことになる。

それを防ぐために、すでに開発していたダチョウ抗体を活用して、マスクを開発しようと考えたぼくは、弟子の足立和英（あだちかずひで）くんとともに研究を進め、共同研究を名乗り出てくれたクロシードの辻政和（つじまさかず）社長とマスクをつくった。

このマスクは、鳥インフルエンザ、MERS（マーズ）（中東呼吸器症候群）、SARS（サーズ）（重症急性呼吸器症候群）など新型のウイルスが登場するたびに、それぞれのウイルスに対応できるようにバージョンアップさせてきたが、二〇二一年一月時点で二〇〇万人もの命を奪っている新型コロナウイルス感染症（COVID-19（コビッド））のパンデミックに役立つとは思いもよらなかった。

しかも、ぼくが京都府大の学長に内定した二〇一九年一二月に、中国・武漢で原因不明

の肺炎が発症したというニュースが飛び込んできたのだ。

　ぼくは偶然だと思っているが、何らかの感染症でパンデミックが起きたときのために、ダチョウ抗体を研究してきたことを知る周囲は、因縁めいたものを感じているようだ。そして、彼らはこういうのである。

「塚本先生、ダチョウが本領を発揮する時代になりましたね」と。


　ウイルスは変異するから、いつ、どこで、どんなウイルスが出現して、感染拡大につながるかわからない。

　だから、新型コロナウイルスの登場、そして世界的な感染拡大も、「まさかの事態」ではなく、「起こり得る事態」だった。

　とはいえ、今回は初期段階での情報があまりにも少なすぎた。

　正確な情報がなければ、パンデミックが起こる確率は高くなる。そして、結果は最悪の事態となった。

　じつは、ヒトのコロナウイルスの研究者は、ぼくが知るかぎりでは、日本にはほとんどいない。

ヒトのインフルエンザウイルスの研究者はおおぜいいて、感染症対策にも精通しているが、騒ぎが大きくなりはじめた二〇二〇年一月以降、ヒトのコロナウイルスの特徴について深く知らない人たちが、対策を練ってきた感は否めない。

そのような状況下で、せめてぼくにできることは、新型コロナウイルスに対抗できるダチョウ抗体の開発ぐらいだ。そう思って、二〇二〇年一月から研究開発をスタートさせたところ、ダチョウは顔がカワイイし、感染症予防に役立つのがユニークだというので、テレビ局の取材が殺到した。タダで京都府大とダチョウ抗体を宣伝してもらえるので、ほんまにありがたい。でも、研究＋取材対応のダブルワーク。

以来、睡眠時間はずっと三時間。眠くて眠くてたまらない。

で、なぜか、やたらとスマホやパソコンなんかを充電したくなる。

充電率一〇〇％だと、ホッとひと安心。不思議だ。でも、自分のからだが充電されるわけではないから、やっぱり眠たい。

そんなぼくにとって、エミュー三姉弟とのサッカーは、一服の清涼剤だ。

「ダチョウ博士」というありがたい異名をいただいているぼくとしては、ダチョウとサッカーができれば最高に幸せだが、まあ、逆立ちしてもそれは無理だろう。

ダチョウとエミューは飛べない、大型という点は似ているが、ダチョウはとことんアホな鳥なのだ。走る、エサを食う、交尾をする、卵を温める。これぐらいしか芸がない。しかも、おそろしく凶暴だ。

そのアホさ加減とダチョウ抗体の開発経緯については、二〇〇九年に上梓した、ぼくにとっては一冊目の本となる『ダチョウ力』（朝日新聞出版）に書いた。すると、ありがたいことに、成毛眞氏の著書『面白い本』（岩波新書）にも、「文句なく面白い」本として取り上げていただいたのである。

本書では、その『ダチョウ力』と重複する部分はあるが、内容をバージョンアップさせた。

ふり返ると、あの本を出してから一一年。その間にジカ熱やＭＥＲＳ、エボラ出血熱が出現し、ダチョウ抗体の研究もそのつど進化してきた。

パンデミックから人類を救いたい。

その一心でダチョウにのめり込んだのだが、いざ、その事態を迎えてみると、ぼくらが産学連携で急きょ開発した新型コロナウイルス対応のダチョウ抗体マスクやダチョウ抗体スプレー、ダチョウ抗体飴がどれだけ多くの人々の感染予防に役立っているのか、具体的にはわからない。

マスクの大半は医療機関向けに出荷されており、ぼくは、「最前線で働く医療従事者の役に立ってほしい」という思いで、この一年を過ごしてきた。

新型コロナウイルスで命を落とされた方々の無念やご遺族の悲しみを思うと、気の毒でならない。

気をつけて生活していても、知らぬ間に忍び寄ってくるのが感染症だ。感染した人を村八分にした人だって、いつ感染するかわからないのだ。

新型コロナウイルスによる「経済的な死」も恐ろしい。しかし、生きてさえいれば、いつか必ずトンネルから抜け出せる。この本で大いに笑って免疫力を高め、心までくじけてしまわないように願ってやまない。

ダチョウは人類を救う。ぼくもこう信じて研究を進めていきたい。

令和三年三月吉日

塚本康浩

第一章

世界一でかい鳥と出会う

第二章 ダチョウ抗体への道

第三章

世界初、ダチョウ抗体マスク誕生

第四章

ダチョウ抗体で地域活性化

第五章

ダチョウ抗体、アメリカへ渡る

第一章

世界一でかい鳥と出会う

動物病院で世間の多様性を学ぶ

「ダチョウ博士」と呼ばれるようになって十数年になる。

大阪府立大学農学部獣医学科に通っていた学生時代、自分に異名がつくなんて考えたこともなかった。

ニワトリ研究の第一人者で、微生物学者だった川村齊先生にお世話になっていたぼくは、末はニワトリ感染症の専門家か、動物病院の院長だろうと思っていた。

ぼくが学生だった当時、バイトといえば、養鶏孵化場でのヒヨコの出荷作業だった。ヒヨコにワクチンを注射したり、箱に詰めたり。先輩から後輩へと代々受け継がれる伝統的なバイトだ。

養鶏孵化場だから、当然、ヒヨコのお尻の穴をのぞいて、生殖突起の有無を確認する肛門鑑別もおこなわれていた。

この肛門鑑別法は、産毛に埋もれた肛門を指でキュッと押さえ、小さな穴の奥からピュッと出てくる赤い突起で、メス、オスを見分ける。

研究室で飼育中のヒヨコ

一九二四（大正一三）年に東大の獣医学の先生たちが理論を発表し、翌年、愛知県の養鶏業者さんが実用化させた。手先が器用で、目も肥えていないとできない職人ワザで、肛門鑑別師という資格がいる（正式名称は「初生雛鑑別師」）。戦前戦後の日本は、この肛門鑑別師さんたちが欧米各国まで出かけて、外貨獲得に貢献したという。

肛門鑑別は「稼げるらしい」というので、本当はそっちをやりたかったが、「あんたらヒヨッコには無理や」と、雇い主のオッチャンにすげなく断られた。しかし、ここで働いたおかげで、ヒヨコを暴れさせずにわしづかみするワザは身についた。

たとえば、今、ぼくの研究室で飼育中のヒ

ヨコたちも、ぼくの手にかかれば、ワクチンの注射なんかチクッと刺してあっという間におしまい。そうして机の上に放してあげると、ほ〜ら、見てのとおり、ポーズを決めてカメラに収まってくれる。

ピヨピヨピヨと愛らしく鳴いて、こいつら、ほんまに、カワイイですわ。

さて、獣医学科は卒業まで六年かかる。

大学を卒業し、国家試験に合格して獣医師免許を取得したぼくは、すでに二四歳。大阪府立大学の大学院に進んだ。

といっても、当時の大学院生の奨学金は微々たるもの。

大学生のときには学費を稼ぐために日本画の画廊をやった。ＦＡＸで受け付けて売る、横流しのような商売だったけれども、獣医師の資格をせっかく取ったのだから、腕を磨いておかなければいけない。

ぼくは、大学がある堺市内の動物病院で「動物のお医者さん」として稼ぐことにした。

堺は、商人と刃物と千利休の町だ。

そして、どういうわけか闘犬を飼う人が多い町でもあった。

ぼくのバイト先は、全国的にもまだ少なかった二四時間診療のコンビニエンスな動物病院。大学院での研究を終えてからの出勤だから、勤務時間帯は深夜から明け方まで。

深夜、動物病院に駆け込むというのは、よほど緊急を要する事態か、飼い主さんの生活スタイルが昼夜逆転している場合だ。

「バリカンでライオンカットしたら、おなかの肉まで削ってしまった」

と、毛皮のコートを引きずりながらポメラニアンを抱えてきたオネエさん。

「この子がいないと、あたし生きていけません！」

と涙ながらに訴え、余命いくばくもない末期がんの猫を前に、ぼくの手を握って、副作用のきつい抗がん剤をほしがるオバチャン。

「おそろいにしたくって」とかいって、自分のマニキュアをプードルの爪に塗りたくり、皮膚炎になってしまったと、泣きつく奥さま。

認知症のラブラドールが夜中に家じゅうを徘徊し、自分で壁に頭をぶつけまくって卒倒しちゃったと、駆け込んでくる中年夫婦なんかは極々ノーマル。

けったいな飼い主さんが次々と来るから、研究室しか知らなかったヒヨッコのぼくには、

「世のなか、いろんな人がおるねんなぁ」と、社会の多様性を知る勉強の場になった。今風にいえば、アクティブラーニングである。

しかも、この職場には他の動物病院では経験できないスペシャル業務が待っていた。

当時、堺市内の動物病院のほとんどは、銭湯の入口にぶら下がっている「入れ墨お断り」ならぬ、「闘犬お断り」の札が下げられていた。

ところが、ぼくがいた動物病院は「二四時間診療」の札のみ。

要するに、入れ墨の人にも、闘犬にも、すべての飼い主さん、すべての動物に門戸を開いていたのである。

これは、動物病院のあるべき姿である。

分け隔てのない医療の提供。

しかし、「サーカス団に往診に行ってくれへんか」と頼まれて行ってみると、待っていたのはカンガルーやゾウ。水族館の依頼で行ってみれば、「クジラなんやけど」というケースもあった。

だが、こういうレアな診察ケースでさえも、ぼくがいた動物病院ではスペシャル業務の序の口だった。

院長室のカレンダーにでっかい赤丸がついていると、その前日には、

「明日は闘犬大会や」

と、院長の厳命でバイトの若い獣医師がかき集められる。

「初めての先生はビックリするかも知れへんけど、手術の腕を磨くチャンスやと思うて、気張ってや」

そして迎えた日曜日。夕方になると電話がジャンジャン鳴って、院内はER（救命救急室）と化した。

いかついオッサンたちに担架で担ぎ込まれる闘犬たちは、全身、肉が引きちぎれて傷だらけ。犬歯VS犬歯のガチな闘いは壮絶をきわめ、なかには、目ン玉が飛び出てしまったワンコもいる。

感染症を起こさないように傷口をよ〜く消毒してから目ン玉を頭蓋骨のなかに戻したり、ズタズタに皮膚が破れた顔を修復したり……。やることがいっぱいあって息つく暇もない。

「ええか、美容整形とちゃうねんから、縫い目なんか気にせんでええ。生かして還す。それだけや」

騒然とする手術室で、院長はぼくらを叱咤激励した。フランケンシュタイン顔の闘犬になってもいいから、命を最優先にしろという意味だ。

じっさい、闘犬大会後の手術は、命さえ救えばクレームをつける飼い主はいない。

そして、手術を無事に終えると、飼い主は決まってぼくらに、こういった。

「助かってほんまよかったわぁ、先生、おおきに」

エリザベスカラーも不要なほど、ぐったりと横たわる闘犬に、いかついオッサンが菩薩のような眼差を向ける。

「そんなにカワイイなら、フリスビー大会くらいにしておけ！」と怒りたいのをグッとこらえて、先輩たちに倣い、

「退院まで、うちでしっかり治療させてもらいますわ」

と、愛想笑いを浮かべていた。

そうやって闘犬の治療で処世術を身につけ、外科手術の腕まで磨かせていただき、その一方では、院長のご招待で、大阪一の高級クラブ街、北新地に連れていってもらったこともあった。

「手術でたいへんやったから、こっちの若い先生の初仕事を祝してシャンパンでお祝いや！」

院長が一本数万円の「モエ・エ・シャンドン」を注文しても、ママさんは、

「あ〜ら、祝杯ならやっぱりドンペリやろ」

とかいって、一本一〇万円とか二〇万円とか、とんでもなく高いシャンパンを黒服さんにササッと用意させる。で、ボトルが半分も減らないうちから二本目が運ばれてくる。こんな怪しいおもてなしを、院長は止めようともしない。

すごい世界やなあと思いつつ、動物のお医者さんになった先輩たちを見渡すと、高級外車を乗り回すのは当たり前。愛人を囲うわ、ゴルフで海外旅行へ行くわ、あちこちのリゾート会員権をもってるわ、むちゃむちゃ羽振りがよかった。

「動物病院はもうかるでぇ」

とささやかれ、北新地でゴージャスの味を知ると、そりゃもう、心が揺れっぱなしだった。

ところが、いざ大学院の博士課程に進んだあたりから、動物病院は冬の時代に突入した。理由は単純だ。バブル経済の崩壊に加えて動物病院が増えすぎ、供給過剰になったのだ。ペットブームで犬や猫を飼う人は右肩上がりだというのに、成金生活をおう歌していた先輩たちから聞こえてくるのはため息ばかり。今みたいに、ペット保険も確立されていなかったから、飼い主さんも不必要にペットを病院に連れてこない。

サプリメントやグッズのたぐいも、そんなに出回っていなかったから、お客さんが減った分を、副収入で補うには限度がある。

「あかん、経営きびしいわ」

こんなグチを先輩たちから聞かされると、道はひとつしかない。

研究者として生きよう！

ぼくは、こう心に誓い、博士号取得のために、エネルギーを注ぐことにした。

けったいな子ども、鳥を集めまくる

ぼくは、物心ついたころから生きものに囲まれていた。

といっても、犬や猫じゃない。昆虫だ。

住んでいたのは京都市伏見区。宇治川や山科川が流れる伏見区は自然に恵まれ、クワガタやカブトムシ、それにクモなんかも簡単に捕まえられた。

カブトムシは幼虫期間が八か月もあり、六月下旬ころから、お馴染みの姿で地上に姿を見せる。オスもメスも、スイカを濃厚にしたようなニオイがして、このフェロモンに釣られて集まってくる相手と交尾をする。

黒光りしたカッコいい姿で生きていられるのは二か月程度。成虫が姿を消した後、イモムシを大きくしたような幼虫が、けっこうたくさん産まれてくる。

こんなふうに、昆虫が姿を変えていく様子を観察するのが好きだったし、ベランダがクモの巣だらけになっていくのを見るのも面白かった。

幼稚園のときには、昆虫の標本もつくった。

最初のうちは「将来は昆虫博士やな」と、目を細めていた両親も、ベランダがクモの巣で埋まったときには、さすがに気味悪がったけど。

食用ガエルを盥で育てたこともあった。

名前は「ピョン吉」。人気漫画の『ど根性ガエル』からいただいた。

ハエを捕まえて食べさせていたのに、ほどよくでかくなったころ、突然、姿を消した。オヤジの友だちが連れ去ったという。オヤジは泣きじゃくるぼくにいった。

「食用ガエルはなぁ、食用ガエルなんや」

食用ガエルの和名はウシガエルだ。

ブウォ〜、ブウォ〜と、やたらとでかい声で鳴く。たぶん、両親はうるさくてたまらなかったのだろう。と、今だから思えるが、いなくなったショックは相当なものだった。

小学生になると、スズメを飼った。

ちょうど、伏見区から京都府南部の八幡市に引っ越した直後のことで、マンションの自転車置き場に落ちていたスズメのヒナを三羽拾った。

名前はスズ、チュンタ、チュンキチ。

「野生の鳥は、人の手では育たへんで」

オフクロにさとされても、ぼくは無視。ジュウシマツやインコのエサを買ってもらい、スズメたちに食べさせた。エサを口のなかに入れてあげると、三羽ともゴクンと呑み込んで、また、黄色い小さなくちばしをバコッと広げて、チイチイと声をあげて次のエサをねだった。

友だちはスズメさん。放課後はいつも三羽と過ごした。

じつは昆虫や小鳥に夢中になりはじめたころから小学校三年生まで、夜になると、テレビの砂嵐のような映像が見えていた。昔のテレビは夜中に番組が終了すると、ざーっと砂嵐が映った。人間の脳に見えるのは、ビジュアルスノウといわれる現象だ。

ネットで検索すると、発達障害との関係を疑う書き込みもいくつかあったが、おとなでも起こるようで、ビジュアルスノウの発症原因は不明だという。

今にして思うと、あのころは親にも気味悪がられたほど、家に引きこもって昆虫や小鳥に熱中していた。

生きものに夢中になっているうちに引きこもりになったのか、引きこもりになって生きものに熱中したのかわからないけれども、たぶん、脳細胞どうしをつなぐシナプスが増える過程で、何かトラブルがあったのだろう。

学校では、読み書きと足し算・引き算の授業がはじまっていたが、算数はスラスラ解けるのに、なぜか「え」という文字だけ覚えられなかった。

ショウワの学習帳のマス目は、「あ・い・う」まで書いてあり、ひとつ飛んで「お」。いくら練習しても、「え」を書けない。今なら、学習障害と診断されそうだが、「え」が書けなくても、字は読めるから不自由を感じなかった。

獣医学科では解剖実習のときに、「先生、こいつはおかしいです。教科書と同じ位置に血管がありません！」などと真顔で訴える学生がいる。そもそも生きものはロボットなんかじゃないから、からだの構造は教科書どおりではない。

同様に、脳の発達具合だって千差万別。昭和五〇年代には「え」が書けなかろうが、生きものに夢中になろうが、それは、その子どもの個性として受け入れられ、ぼくの両親も「けったいな子どもや」と思う程度で、うろたえなかった。

親が呑気だから、子どものぼくもノビノビと自由。「ひらがなを練習しなさい！」とオフクロに叱られても、ぼくはスズメたちと戯れていた。

だが、そんな夢のような放課後は三か月で終わってしまった。

スズメは雑食で、穀類から昆虫まで何でも食べる。とくにヒナには昆虫を食べさせなければいけないのに、小鳥用のエサしか与えなかった。栄養失調で、三羽とも次々と衰弱死してしまった。

大ショック。気持ちがふさいだ。

そんな孫を心配したのだろう。ある日、学校から戻ると、部屋のなかに小鳥がいた。心配したオバアチャンが買ってくれたのだ。ボディはグレー。頭は黒。頬が白くて、クチバシは真っ赤。桜文鳥だった。ぼくはその子を「クロちゃん」と名付けた。

これを機に、おこづかいを貯めて、セキセイインコ、カナリア、ジュウシマツと手当たり次第に鳥を買った。

鳥図鑑も買った。そして、図鑑に出ている鳥は、名称も特徴も丸暗記した。

そのなかにはダチョウもいた。

「世界一大きな鳥」という言葉が、頭にこびりついた。

ぼくは、お祭りの夜店でヒヨコも買った。

その子はオスで、半年もすると立派なトサカが生え、コッココッコと家のなかを好き勝手に歩き回った。ニワトリもヒヨコのうちから飼うと、むちゃむちゃなつくので、こいつはぼくの姿を見るとついて歩いた。

家じゅう鳥だらけ。バードハウスになった。

鳥の羽毛やフンにはタンパク質が含まれているので、これを吸い込み続けていると鳥アレルギーになってしまう人がいる。

じっさい、養鶏孵化場でバイトをしていたときには、鳥アレルギーになってしまい、顔をパンパンにしながら、働いていた仲間もいた。でも、ぼくはこれまで一度も鳥アレルギーを経験していない。きっと、鳥アレルギーになっていたら、ぼくはダチョウと出会うこともなかっただろう。

それはともかく、ペットの小鳥で飽き足りなくなったぼくは、霞網を買ってきて、今度は野鳥の捕獲に熱中した。

ウグイス、メジロ、ムクドリ、ヒヨドリと、身近な野鳥を次々と捕まえてきては飼育した。どれも「捕獲禁止」の鳥だが、ぼくも知らなければ、うちの親も知らなかった。

昭和五〇年代は、一般に環境保護の意識が低く、霞網で野鳥を捕って飼育する爺さん世代がけっこういた。今なら、「民度が低い」と軽蔑されるに違いないが、昔は日本でも「鳥の鳴き合わせ会」が盛んだったそうで、その名残だったのだろう。

のどかな時代の、なつかしい思い出。

だけど、あの忌まわしい事故だけは、今、思い出しても胸がしめつけられてしまう。

相棒、天国へ旅立つ

小学一年生のときに買ってもらった桜文鳥のクロちゃんは、家のなかで放し飼いにした。

クロちゃんは朝から晩まで片時も、ぼくのそばを離れなかった。

ぼくの親は、鳥マニアの引きこもりな息子を心配して、小学四年生になるとぼくを少年野球チームに入れた。

守備につけば、ボールが飛んでくるまでけっこう暇だ。空を仰げばヒバリやトンビやカラスなんかが飛んでいる。なぜ鳥は空を飛ぶのか、などと理屈っぽい思考はいっさいナシ。ただただ、鳥たちの姿を目で追った。ボケ〜ッと上ばかり見ていたおかげで、ぼくのグローブにスポッとヒットの球が入ったこともあった。

日暮れまで練習して家に戻ると、真っ先にクロちゃんの元へ飛んでいった。指に止まらせて、ただいまのキッス。クロちゃんは、クチバシでぼくのくちびるを突いてじゃれる。頭にのっけると、髪の毛を引っ張ってじゃれる。腰をかがめると、ぼくの背中をチョンチョン歩き回り、シャツを引っ張ってみたり、背中を突いてみたりする。それに飽きると、今度は足元に降りてきて、ぼくの足を突いて遊んだ。

ひととおりの儀式を終え、ぼくがシャワーを浴びに行くと、クロちゃんは風呂場までついてくる。むろん、食事のときもぼくの肩の上だ。もう四六時中いっしょ。

だが、それが仇になった。

小学六年生のある日、ぼくはクロちゃんが足元にいることに気づかず、踏んでしまった。グンニャリする感触に気づいて足元を見ると、お尻から腸が飛び出たクロちゃんがいた。クロちゃんを両手で包むと、ぼくは無我夢中で近所のペットショップに走った。

クロちゃんを見てくれたオッチャンは、「獣医さんに診てもらわなあかん」とアドバイスしてくれたが、獣医と聞いてもピンとこない。当時、うちの近所に動物病院は一軒もなかった。

たぶん、あれはぼくにとっては初めての徹夜だったと思う。翌朝、クロちゃんはぼくの手のなかで息絶えた。

初めて味わうペットロス。

それ以来「獣医さん」という言葉が頭にこびりついて離れなくなった。

高校時代には純文学にもハマった。

小説は何にもないところから、ひとつの世界をつくりあげる。とくに恋愛小説なんか、どうしたらあんなロマンスを書けるのか、恋愛小説の作家は天才や、と思う。文学部への進学もちらついたが、結局、大阪府立大学農学部獣医学科に進学した。

もちろん、「ダチョウ博士」への扉になるとは夢にも思わず、ぼくは、獣医師をめざすことになった。

ニワトリで博士になる

大学の卒業研究では、「鶏レオウイルス感染ニワトリ胚子線維芽細胞の形態的変化」という論文を書いた。

ニワトリは、鶏レオウイルスというウイルスに感染すると腱鞘炎を起こしやすくなり、発症すると黄色がかった脚の色が緑色に変わる。俗に「青脚」と呼ばれる病態で、ぼくは青くなる原因を細胞レベルで研究した。

担当教授の川村先生の手ほどきで、ウイルスや細菌の培養方法はしっかり身についた。大学院に進んでからは病理解剖に興味が移った。

獣医学系の場合、二年間の修士課程が免除され、すぐに博士課程だ。といっても通常の博士課程修業年数は三年間だが、獣医学系の場合は四年間。二九歳か三〇歳で博士号が取得できる。ぼくの新たなテーマはがん細胞の基礎研究だ。

研究のきっかけをつくってくださったのは、当時、大阪大学大学院医学系研究科薬理学講座の教授だった三木直正先生だ。

三木先生はニワトリの筋胃平滑筋砂肝に含まれているギセリンという細胞接着因子の奇妙な動きを発見された。

細胞接着因子というのは、細胞どうしをつなぐタンパク質の分子のことをいう。ギセリンは何種類もある細胞接着因子のひとつで、もう少し専門的な説明を加えると、免疫グロブリン（Ig）スーパーファミリーに属する糖タンパクだ。

要するに、ニワトリの砂肝（砂のう）に含まれている、細胞と細胞のつなぎ役（ギセリン）が、がん細胞の増殖や転移に関わっている可能性があり、それを立証しようというのである。

しかし、研究対象はニワトリの砂肝。三木先生をはじめ、研究室のメンバーは、人体の生理学には精通していても、鳥の解剖学には縁がない。そこで、ニワトリに詳しいぼくに声がかかった。

そして、三木先生の研究室にいた平英一先生（現・岩手医科大学薬理学講座情報伝達医学分野教授）との共同研究で、ギセリンとがん細胞の関係を追究することになった。

堺市内にある大阪府立大学と二四時間開業動物病院を行ったり来たりする生活から、大阪大学大学院がある吹田市と堺市を往復する日々がはじまった。

片道約二時間。

ぼくは、朝起きてすぐに長渕剛(ながぶちつよし)の歌をガンガン歌っちゃうほどハイテンションだ。ちょっとスイッチが入ると、何時間でも集中力が持続する。そんなときは、脳みそがアッツアツになってしまうけど、二〇代で体力もあったから、片道二時間の往復も徹夜も、どうってことなかった。

一九九八年、三〇歳のときに、ニワトリの砂肝から抽出(ちゅうしゅつ)したギセリンが、がん細胞の転移(てんい)に関与(かんよ)していることを突(つ)き止(と)め、博士号論文を書いた。

偶然(ぐうぜん)にも同時期にフランスの研究者が哺乳類(ほにゅうるい)の体内にもギセリンがあることを発見した。ニワトリのギセリンがガン転移に関係しているなら、人間のギセリンも同じではないか?

というわけで、がん細胞の研究者のあいだで、ギセリンが注目されるようになった。

ぼく自身は、その後の新たな研究テーマ「ダチョウ抗体」が注目されたことで、世間にはダチョウしか研究していないように思われているが、じつはギセリンとがん細胞の研究は、現在も続けている。

そもそもダチョウ抗体は、感染予防のマスクやスプレーなどの製品をつくろうと思って開発したわけじゃない。当初は、ニワトリの伝染性気管支ウイルス、肺がんの抗体検査薬、肺がんの治療薬の研究が目的だったのである。

モヤシを食うダチョウを発見

獣医学の博士号を取得したぼくは、大阪府立大学農学部獣医学科の講師になった。それと同時に、徹夜続きの院生生活から解放され、週末にブラックバス釣りを楽しむようになった。

行き先は神戸市郊外にあるため池。農家や雑木林なんかが残るのどかな地域だ。一九九九年、そのため池の近くにダチョウ牧場を見つけた。

広々とした丘陵地の奥まで愛車で進んでいくと、手づくり感がありありの柵の向こう側に、あこがれのダチョウが何十羽もいた。小学生のときに動物園で見て以来。ずっとニワトリとヒヨコばっかり見てきたので、ダチョウはひときわ大きく、かっこよく見えた。

この大発見以来、ぼくは釣りもそっちのけで毎週のように牧場へ行き、ダチョウを見物するようになった。ダチョウたちが右へ走れば、ぼくの目も右へ。林のなかに姿を消してしまうと、目をこらして姿を探す。

ぼくにとって牧場はコンサート会場。ダチョウたちは人気アイドルグループ。訪れるたびに柵の前で何時間も、ボケ～ッとダチョウを見ていた。

そんなことが何度か続いたある日、ダチョウたちが柵の外側に取り付けられていたエサ場に集まっていた。小柄なオッチャンが、大きなビニール袋からエサ場に何かまいている。

目の前でダチョウを見るチャンスだ。エサ場に向かってダッシュした。

ダチョウたちは、柵の外までピロ～ンと首を伸ばして、白っぽいものを突いていた。飼育下のダチョウは、ふつうはペレット（ドライ加工した総合飼料）を食べる。だが、ペレットではない。

「なんですか、それは？」

オッチャンに声をかけた。

「これな、モヤシや」

「モヤシ？」

「そうや。ここのダチョウたちのエサは、モヤシ屋さんで売れ残ったモヤシなんや。モヤシは産業廃棄物やから、処分するのにお金がかかりますやん。それやったらダチョウでもこうて、モヤシを食べてもらったら一石二鳥やんか。

　ダチョウはオーストリッチいうて、高級な財布やハンドバッグになります。脂は、肌に塗ると艶々になりますねん。ほんで、羽は、自動車の窓なんかのホコリをパタパタ払うのに使えるよって、利用価値が高いんですわ」

　オッチャンは、ちょっと鼻高々な表情をうかべた。

　肉は、どうしているんだろう？

「肉なぁ、あんまり売れへんな。料理してくれる人がおらんのや。赤身の肉やからステーキにしたら、ええねんけどな。このあたりは神戸牛やろ、ちょっと行けば但馬牛もつくってますやんか。霜降りには太刀打ちできへんわ」

　説明を受けているあいだも、ダチョウたちは首を伸ばしてはワッシャワッシャとモヤシを食べていた。

「ところで、お兄さん、どっから来なはった？　先週も、ここで見てたやろ？」

「大阪ですわ。近くのため池でブラックバスを釣ってるんやけど、ダチョウ牧場を見つけたんで、見物さしてもらったんですわ」

「なんや、あんたダチョウが好きなんか？」

「はいッ、ちっさいころから、あこがれてたんですわ！」

「それやったら、ほかにもダチョウがおるから案内したるわ」

ダチョウたちは、相変わらずモヤシを食べていた。と、ふいにそのうちの一羽の首が、ろくろっ首みたいにピロ～ンとオッチャンのほうに伸びてきた。ダチョウは一瞬の隙を突いて、オッチャンが被っていたキャップを剝ぎ取った。

「あッ、こら」

毛髪がさみしくなったオッチャンの頭があらわれた。

「こいつ、遊んでるんですわ。エサをやるから、わしのことを覚えとるんやな」

赤黒く日焼けしたオッチャンの顔の横に、ダチョウの顔があった。

ニワトリの卵くらいはありそうな大きな目と長～いまつげ。あ～、カワイイ♡

さわってみたい衝動を抑えきれずに、ぼくはダチョウの顔の前に手を伸ばした。すると、愛くるしい顔がいきなり闘犬みたいな顔つきになり、クチバシで猛攻撃をかけてきた。

「痛てッ！」

「あかんわ、ダチョウは警戒心が強いよって、うちとこの作業員も時々、襲われますねん。気ぃつけな、お兄さんもやられてしまうで」

犬の攻撃性は、脳のなかにある脳下垂体という部分から分泌されるバソプレシンというホルモンが影響している。ダチョウも同じなのだろうか？

帰路の車中で、そんなことを考えながらハンドルを握ったが、早くも次の週末が待ち遠しくて仕方がない。家に帰り、その晩は嫁にもダチョウの話しかしなかった。

じつはこの嫁さんも獣医師だ。

専門は牛や馬。「触診します」とかいうことになると、牛や馬の肛門にズボッと腕を突っ込んで診察するワイルドな分野。二歳年下、大学の後輩だ。

研究室で実験の手ほどきをしているうちに、「つがいになるならこの子しかいない！」と直感して、ニワトリの孵卵器が並ぶ研究室でプロポーズした。

彼女の卒業を待って結婚式をあげたのは一九九六年。

その直後に、ぼくはカナダのトロントから一〇〇キロ北にあるゲルフ大学に一年間留学したが、もちろん彼女もいっしょだった。

嫁さんは、部屋の片づけすらできないぼくの分まで、家事と仕事と子育てをパワフルにこなしてきた。そればかりか、後年、ダチョウ抗体マスクの開発ヒントまで与えてくれたのである。やはり、ぼくの直感に狂いはなかった。

ニワトリ博士、ダチョウの主治医になる

偶然とはいえ、気晴らしに神戸までブラックバスを釣りに行ったら、そこにダチョウ牧場があったというのも、なんだか不思議だ。

あこがれの鳥ナンバーワンのダチョウが、すぐ目の前に何十羽もいるのだ。電車の車両基地のそばで、フェンスに張り付く鉄道ファンと同じ心境だと思う。ぼくは、この幸運に心から感謝した。

しかし、幸運はまだ続いた。

ダチョウ牧場で出会った小柄なオッチャン、田中さんは牧場主だった。

ぼくが獣医だと知った田中さんは、

「獣医やったら、うちのダチョウも診れますなあ」

といって、ぼくをダチョウ牧場の獣医に任命してくれたのだ。

もちろんボランティア。その代わり、ダチョウを好きなだけ見物させてもらえる。断る理由はゼロ。ぼくは二つ返事で了解した。

ダチョウ牧場のダチョウたち

　ダチョウのことは鳥図鑑程度の知識しかなかったが、ニワトリもダチョウも鳥だ。何とかなるだろう。

「あのな、ダチョウが大怪我してますねん。ちょっと診てもらえんやろか」

「えっ、いきなりですか？」

　文献を探して勉強しておこうと思っていたのに、目論見が外れてしまった。

「うちのダチョウは、林のなかを走っているうちに、木の枝に首を引っかけて、しょっちゅう怪我しよるんや」

「はぁ、初めてですが、診させてもらいますわ」

　治せるかどうかは二の次。ダチョウとふれあうチャンスをムダにしたくなかった。

ひと言で獣医師といっても、牛や馬などの家畜を専門に診ている先生、カメやトカゲ、ウサギ、フェレットなどのエキゾチックアニマルと呼ばれるペットの診療を得意とする先生などいろいろだ。

人間の大学病院なみの設備をもつ獣医学部附属動物病院にいたっては、循環器・呼吸器科、泌尿生殖器・消化器科、腫瘍科、脳神経・整形科、眼科、麻酔科などに細分化され、放射線・画像診断科まであり、それぞれに専門医がいる。

一見、町医者にみえる犬・猫中心の動物病院でも、椎間板ヘルニアが得意とか、ドライアイや白内障が得意とか、専門領域を標ぼうする獣医師さんもいる。ぼくのようにニワトリが得意というのは、獣医師のなかでも珍種の部類だ。

なぜかというと、一九八〇年代以降、獣医学部の学生たちのあいだではニワトリの人気が凋落し、専門的に勉強する人が激減したからだ。

羽毛以外は余すところなく食べられるニワトリは、戦後の日本人の栄養失調改善に貢献してくれた。「脚やトサカは食べられへん」と思うかもしれないが、中華料理にはちゃんとメニューがある。

ところが、養鶏場が増えて大量に生産できるようになったというのに、一方では伝染性気管支ウイルスなどのニワトリ病が流行った。

需要が増えれば、供給も増える。「ニワトリ屋」と呼ばれる研究者が続々と登場した。しかし、それも一九八〇年代まで。研究の成果で感染症が減り、ニワトリ屋は衰退の一途をたどった。まさに栄枯盛衰だ。

ぼくの場合は、卒論の担当教授だった川村先生がニワトリ研究の第一人者だった。ぼくは「ニワトリ屋」から学んだ最後の世代で、「日本では数少ないニワトリに詳しい獣医師」になったのである。

だが、ぼくはダチョウに出会ってしまった。ひと目で胸きゅん！　この恋心はどうにも止められない。ニワトリさん、ごめん。これは浮気やない、本気や。

カワイイけど、頭は空っぽ

怪我をしたダチョウは、牧場の一角に座っていた。

枝に引っかかったという首は、ぼろ切れのように皮がむけて傷も深い。まさに「首の皮一枚でつながる」状態だ。破傷風菌などが入り込まないように、水で傷口を洗い流して消毒薬を塗り、皮膚を縫い合わせようと試みたが、肝腎の皮膚が足りない。

「あかん、無理につなげたら、こいつは自分の首の皮で首吊りしよるわ」

ぼくのつぶやきが聞こえてしまったのか、田中さんが苦笑している。

「ひどい怪我やろ。そやけど、傷薬をスプレーすれば治りますわ」

田中さんは自信たっぷりだ。

「そんなわけないやろ」と思ったが、三日後に牧場へ行くと、皮膚がむけて空気にさらされていた皮下組織が、カチカチになっていた。皮膚の再生がはじまっていたのだ。

ぼくは自分の目を疑った。

「いつもこうなんですか？」

田中さんに尋ねると、そうだという。

「怪我はよぉするけど、病気はほとんどしませんわ」

田中さんの牧場にモヤシを提供しているアサヒ食品工業の会長、小西さんもダチョウ牧場を経営し、そこのダチョウたちも元気だという。

田中さんは残土処分場の跡地をダチョウ牧場に変え、小西さんは日本国内では誰よりも早く、自社製品のモヤシの産廃処理のために牧場をつくった。

年間一〇〇〇万円もかかる処理費用を節約するために、売れ残りのモヤシをダチョウに食べさせて肉、革、羽毛、オイルを製品化する。小西さんはマダガスカルで農業をやろうと、現地で暮らしたころにダチョウを知り、帰国後にダチョウ牧場という前人未踏の領域を開拓した。

もっとも、南アフリカから空輸した家畜用に改良された「アフリカン・ブラック」たちのなかには、長旅の疲れで死んでしまったものもいた。三度目には、日本の検疫で一週間も足止めされているうちに、輸入した三〇〇羽が全滅。ダチョウはもちろん、動物はストレスに弱い。動物のなかで、長距離旅行をしても平気なのは人間や渡り鳥くらいなのだ。

ただ、小西さんと田中さんのダチョウたちは、栄養状態がとてもよく、牧場ではすくすく育った。

二つの牧場に共通するのはモヤシ。飼料のペレットも与えているというが、主食はモヤシで、一日に四キロも食べる。

モヤシの材料は大豆だ。

大豆はタンパク質や糖質が豊富で栄養価が高い。しかも「モヤシの原料大豆は北海道産や」というから、うまいに違いない。だから、ダチョウたちはワシャワシャと、ものすごい勢いでモヤシを食べているのだ、とぼくは勝手に解釈した。

それにしても、田中さんがいうとおり、ダチョウたちはしょっちゅう怪我をした。

牧場のダチョウは、群れで動き回ることが多い。

もともとが弱肉強食のサバンナの動物だから警戒心が強く、聴力と視力も抜群にいい。神戸のダチョウ牧場では、飛行機のジェット音に反応して、ぼくらが見えない機影を追うこともある。いっせいに天を仰ぐ姿は、まるで毛の生えたモアイ像だ。

そうかと思えば、ダチョウたちは人の気配や車の音なんかに驚いて、いっせいに走り出すこともある。

体高二メートル五〇センチ。体重一六〇キロ。

オスのボディは黒く、お尻は白。

メスのボディは、スズメのような褐色だ。

そして、オスもメスも、大きな目と長いまつ毛のアニメ顔。

陸上競技のサニブラウン選手のように、スーッと伸びた脚。

本気で走り出すと、歩幅は三〜五メートルくらいあって、お尻を軽くふりながら、さっそうと駆ける。その姿がまた、かっこいい。

気合いが入っているときは、時速五〇キロ以上のスピードが出るので、一頭ならまだしも、数十頭で走り出すと、あまりの迫力にたいがいの人は、怖がって後ずさりする。

その勢いで林のなかを走り回っているときに、目の前の木の枝をよけきれなくて、グサッと首に枝を引っかけてしまう。視力がよいのだから避けられそうなものだが、なぜか、それができない。

動物は動く生き物だから「動物」という。それなのに、動かない植物の、雑木林の枝が天敵だなんて、まったくオマヌケ。

天敵はほかにもいる。ダチョウよりはるかに小さいカラスだ。

あるとき、牧場の一角で、メスのダチョウが一羽でフラフラ歩き回っていた。ふと見ると、尻のあたりにカラスが数羽止まっている。ちょうど春先だったので、巣づくり用にダチョウの羽を盗んでいるのだろうと思ったが、ちょっと様子がおかしい。よく見ると、カラスたちは尻の肉をむさぼっていた。

巣づくり用にダチョウの羽を引っ張っていたら、皮膚がむき出しになったので、ついでに肉もいただこうとしたのだろう。

われわれ人間の感覚でいえば、からだを突かれたら痛いだろう、気づくだろうと思う。猫や犬だって、毛を引っ張られたらイヤがって逃げる。気性の激しいペルシャ猫なんかだと、カワイイ顔がいきなり悪魔みたいな顔になって、ウギャ〜ッと牙をむいて噛みつき、思いっきり引っかいて抵抗する。

やたらと警戒心が強いくせに、肉を食いちぎられてもボーッとしているダチョウの気持ちが、ぼくにはまったく理解できない。

もっと理解に苦しむケースもある。

発情期になると、一羽のオスを中心に数羽のメスがひとつの群れをつくる。この群れを同じ囲いに放すと、いつのまにかAグループとBグループ双方のメスが入れ替わって新たな群れができていることもある。

乱婚なのか？　それとも自分の群れを識別できないのか？

結論からいおう。

ダチョウは、鳥類最強のアホな鳥だ。

解剖するとわかる鳥の驚異

鳥は、道具を使ってエサを取ったり食べたりするカラスを筆頭に、認識力、記憶力、コミュニケーション能力などに優れ、一般に考えられているような「鳥あたま」なんかじゃない。

渡り鳥のなかには、何日も休まず飛び続けられる飛翔力の持ち主もいるし、何キロも離れた場所に隠したエサの保管場所を覚えていて、必要に応じて食べる記憶力の持ち主もいる。「エサをあげないでください」と、世間から毛嫌いされているハトだって数を理解できるという。

ぼくが自宅で放し飼いにしている五羽のインコたちは、家の間取りを覚えているようで、二階に飛んで行き、あちこちで適当に遊んで、一階の鳥かごにちゃんと戻ってくる。

空中を飛べる鳥は、「平面＋高さ」の三次元で生きているから、空間に対する認識力を備えている。

これに対して飛べないダチョウは二次元の鳥だ。空間を認識するには、それなりに脳も発達しなければならないが、ダチョウにはその必要がない。その結果、鳥類で一、二を争うほど脳みそが残念な生きものになってしまった。

飛ぶという能力は、ぼくらが考えている以上にすごい。

たとえば紙飛行機は、分厚くて重たい紙でつくると飛ばないが、コピー用紙など適度な重さがある薄い紙なら飛ぶ。鳥はからだを軽くしなければいけないので、かなり消化管が短く、大腸はほとんどない。つまり、何かを食べても貯められないので、頻繁に食べて、頻繁にウンチをする。

電線の下を通りしなに、ベチャッと鳥の糞に直撃されるのも、鳥の立場でいえば、「これから飛びますんで、軽くせなあかんのや」ということになる。

彼らは飛ぶために、骨のなかも軽くした。

骨髄はほとんどなく、骨のなかはスッカスカ。その代わりに緻密骨はすごく硬いので、骨に圧力がかかると、ガラスが割れるような感じで折れる。だから、鳥を知らない獣医さんにペットの鳥を診てもらって、「骨粗しょう症ですね」と診断されても慌てる必要はない。

ダチョウのご先祖は、空を飛べる恐竜だった。

地上を闊歩していた巨大な恐竜たちが絶滅しても、三次元空間で生きてきた強みを発揮して生き延びた。肉食恐竜も草食恐竜も消えて、地上に降りてみたら食べ物の宝庫。バクバク食べているうちにデブになって、飛べなくなったという説がある。

骨の付き方、筋肉、羽の大きさから推すと、やはり飛んでいたと思う。

恐竜は、ハ虫類の一種だ。ニワトリやダチョウを解剖すると、内臓のなかに、ハ虫類の名残を見つけられる。

たとえば腎臓の組織を見ると、ハ虫類型と鳥類型のネフロンが混ざっている。ネフロンとは、血液をろ過して原尿、つまりオシッコのもとをつくる部分だ。

ハ虫類と鳥とでは、このネフロンの大きさや長さが違う。とくにダチョウの場合、腎臓の組織を切って顕微鏡で見ると、ハ虫類の部分がけっこう多い。それはつまり、「ハ虫類の一種の恐竜」の名残ということになる。

鳥好きにもいろんなジャンルがあって、バードウォッチングが楽しい人、種類をやたらに覚える人、やたらに飼い慣らす人、鳴き方を競い合いたい人など十人十色だ。

ぼくの場合は、鳥というものがなんで生きているのかという点に興味があるので、内臓や脳の構造を調べるのが好きだ。

アヒルとダチョウの顔写真を見比べてほしい。

どちらも平べったいクチバシの左右に鼻の穴がある。

これから推すと、ダチョウのご先祖のサイズはアヒルくらい。

ぼくの勝手な推測だが、アヒルのなかにもズボラな奴がいて、羽づくろいをしなくなった。ふつう、鳥は羽づくろいや水浴びをして、羽を手入れしてから寝る。そうしないと飛べなくなるからだ。ダチョウのご先祖はそれがイヤで、やがて飛べなくなった。

周囲は敵だらけ。さて、どうしよう?

ダチョウは速く走る必要に迫られた。周囲を見回すために、首も長くなった。なまけ者の進化論だ。

いずれにしても、ダチョウのご先祖たちはそんなに頭を使わなくても、食べ物にありつけたのだろう。そうして、ゆる〜い生活を何万年と続けていくうちに、どんどん脳が退化してしてしまった。

体重約一六〇キロ。

身長（体高）約二・五メートル。

アヒルとダチョウの
顔を比べる

脚と首はそれぞれ約一・二メートル。

この立派なボディに対して、脳の重さは八〇グラムほど。目玉の五分の一くらいしかない。

一般に脳が大きいと賢いと思われているが、これは間違い。

脳が全身に占める割合が重要で、ダチョウの場合は〇・〇五%。これに対して、鳥類で最強の頭の持ち主、カラスの場合は六%もある。さらにいえば、ニューロンやシナプスなどの脳神経細胞の数や働きが、大きく影響する。

天は二物を与えず。ダチョウはカワイイ顔と俊足を与えられた代わりに、〝脳力〟を与えられなかった。

しかし、神様は慈悲深い。ダチョウにもうひとつ、サプライズなプレゼントを贈ったのである。

瀕死の重傷からまさかの復活

首を怪我したダチョウは、田中さんのご神託どおり、一か月後には皮膚が再生していた。カラスの餌食になったダチョウも助からないと思ったが、救出から数日後には、群れに交じってモヤシを食べていた。

驚異的な回復スピードである。

傷口がふさがり、皮膚が再生するのは、体内の免疫システムによるものだ。このとき、俗にいう「免疫力」が低ければ、傷の治りは遅くなり、破傷風菌や緑膿菌などの感染症におちいることもある。

逆に、免疫力が高ければ傷の治りは早い。

ダチョウは、ものすごく免疫力が高い。

こう仮説を立てたぼくは、あるとき怪我をしたダチョウの傷口から組織の一部をちょうだいして、大学に持ち帰り、その標本を顕微鏡で観察した。

傷ができると、まず、出血した血液が固まって傷口にフタができる。

次に、マクロファージや好中球など、異物を攻撃する免疫系の炎症性細胞が出動してくる。この場合の異物とは、痛んでゴミ化した組織をいう。

さて、ここからが本番。ぼくが観察したかった部分だ。

傷が治っていくためには、パカッと開いてしまった傷口を、新しい細胞で修復しなければいけない。そこで登場するのが、傷口の周囲の線維芽細胞と呼ばれる細胞だ。

線維芽細胞は傷口まで移動して、傷口を修復するために基礎工事をはじめる。この基礎部分は細胞外マトリクスという。

傷口の修復に必要な細胞外マトリクスは、「若々しい美肌の維持」にも関係しているコラーゲンだ。

そして、線維芽細胞がコラーゲンをつくりはじめると、切断されてしまった毛細血管が伸びてきて、酸素やタンパク質やブドウ糖などの栄養成分が大量に送り届けられるようになる。

ここまでくると、傷口に瘢痕（きずあと）ができる。そして最後は、線維芽細胞に代わって表皮細胞が出動して、傷の修復が完了する。

顕微鏡で観察すると、細胞は歩いているように見える。このとき、細胞がダラダラ歩くと、皮膚が盛り上がってケロイドになり、傷痕が残ってしまう。

もし、あなたの古傷が目立つようなら、細胞がなまけ者だった証拠だ。

しかし、顕微鏡で観察したダチョウの細胞は、ほかの鳥類や哺乳類の細胞より、はるかに早歩きだった。

鳥類は体温が四〇度くらいある。かたや感染症を引き起こす細菌は、三六～三七度の環境を好み、増殖する。

細菌にとって四〇度の環境は、炎天下のアスファルトに放り出されたようなもの。繁殖しづらいどころか生存も危うく、おかげで鳥たちは、一般に怪我をしても治りが早い。その特徴を差し引いても、ダチョウの傷の治り方は驚くほど早いうえに、傷痕もキレイに消える。


ダチョウの原産地はアフリカだ。サバンナ、低木地帯、砂漠で暮らす。

ダチョウが感染するかどうかわからないが、アフリカは人獣共通感染症だけでも、インフルエンザやブルセラ症、マラリア、狂犬病、フィラリアなどウイルスや病原性細菌が多い。恐竜時代から何百万年と生き延び、感染症のリスクが高い地域で、人類よりはるか前から生きてきた。それはつまり、ダチョウの免疫力の高さを示すのではないか？

顕微鏡を使った細胞の観察で、免疫力が高いことを確信したぼくは、大学で本格的に研究することにした。

第二章

ダチョウ抗体への道

はじまりは、肥満のダチョウだった

ダチョウ牧場の主治医になってから本格的な研究に入るまで五年かかった。

この間に、風邪っぽい症状でぐったりしていたダチョウが何羽かいたものの、治療しなくても二〜三日でケロッと治っているから、主治医といっても名ばかりで、毎回、ボーッとダチョウを見ているだけだった。

ヨットパーカーを着た男が一日中、牧場の柵に寄りかかって、じ〜っとダチョウを見ている。

牧場の従業員さんたちには「へんなオッサン」と思われていたようで、誰もぼくと口を利いてくれない。「人畜無害の獣医です」と書かれた名札でもぶら下げていれば怪しまれなかったかもしれないが、さすがに会釈だけの状態が続くとやはり寂しい。

事件は、そんなころに起きた。

ダチョウが柵に頭をぶつけたのだ。

ダチョウの頭には、たんこぶができた。従業員さんたちはダチョウが柵に頭をぶつける

ダチョウと著者

のは日常茶飯事だから、気にも止めていない。

しかし、ぼくは違う。サーティーワンアイスクリームをダブルで注文したときのように、頭のてっぺんに、でっかいこぶがのっかっているのを見ると、やはり治療をしたくなる。

ぼくは、ダチョウのたんこぶにメスを入れた。すると、プシューっと血しぶきが上がり、ダチョウもぼくも血だらけになった。

ぼくもビックリしたが、従業員さんたちはもっと驚いたらしい。みんな、作業の手を止めたまま、凍りついていた。

傷口を縫い合わせてからダチョウを牧場に放してやると、それまでろくに口を利いてくれなかった年配のオッチャンがぼくに近づいてきた。

「脚が悪くて立てんようになったダチョウがおるんやけど、ちょっと診てくれへんか」
従業員さんから治療を頼まれたのは初めてだった。うれしかった。だが、うっかり声を弾ませようものなら、サディスティックな獣医だと思われてしまう。ついさっき、鮮血パフォーマンスを披露したばかりなのだ。ぼくは深刻そうな表情をうかべて、オッチャンについていった。

問題のダチョウは牧場の一角で、羽をふくらませて座り込んでいた。

鳥のＳＯＳサイン。弱っているのだ。この牧場では、生後六か月目ころによくあることだという。

鳥の成長は早い。丸裸同然で卵の殻を破って生まれてくる鳥もいるが、ダチョウの場合は、羽毛に包まれて生まれてくる。

誕生直後の体重は約八〇〇グラム、身長は約三〇センチ。

そして、生後三か月ころから毎日一センチくらいずつ伸び、生後一〇か月目には約二メートルになる。

ところが、脚の骨や筋肉の成長が体重の増加についていけず、筋肉が断裂してしまうことがある。歩けなくなったら殺処分するという。畜産農家には、立てなくなった家畜の世話をする余裕はない。かわいそうだが、殺処分はスタンダードな命の閉じ方だ。

　ぼくは、牧場内にある解体小屋で、ダチョウの解剖をやらせてもらった。案の定、ダチョウは大腿直筋（だいたいちょっきん）という筋肉が断裂していた。

　その日は、たんこぶの血しぶきを浴びたうえに、天井からぶら下げておこなう解体作業では、頭上から血液が降りそそぎ、血染めの一日。解体、解剖のたぐいには慣れているとはいえ、血なま臭くて最悪だ。

　いやいや、ぼくは生きている。命を落としたダチョウさんに、まずは合掌（がっしょう）しなくちゃいけない。ぼくは、おまえの死をムダにしないと心に誓い、ダチョウのダイエット方法を考えた。

　といっても、難（むずか）しいことはいっさい抜き。牧場のダチョウたちは、モヤシのほかに飼料のペレットも与えられていた。

　だったら、ペレットの量を減らすだけでいい。

　そして、栄養バランスの過不足は低脂肪、低カロリーのおからで補う。

　おからは人間のダイエット食としても定評があり、ダチョウにも効果があるだろうと考えた。じっさい、田中さんのダチョウも、小西さんのダチョウもスリムになり、筋肉を傷（いた）

めなくなった。

やっぱり、ダチョウはただ者ではない。

「こうなったら大学でダチョウを飼育して、細胞の隅々まで徹底的に調べたい」

研究者としての好奇心がどんどん膨らんでいった。

二〇〇三年、ぼくは一羽三万円でメスのダチョウのヒナを譲り受け、ダチョウ抗体という前人未踏の分野に踏み込んだ。

大学で研究助手を探せ！

念願かなって大学でダチョウの飼育をはじめられることになったものの、教員として講義も受けもっていたぼくには、どうしても助手が必要だった。そこで、ゼブラフィッシュ、イモリとヘンなものばっかり研究し、コイの研究で博士号論文を書こうとしていた足立和英くんに声をかけた。

研究に行き詰まっていた彼は、ぼくにとって格好のターゲットだったのだ。

「足立くん、ぼくと一緒にダチョウの研究やらへんか？」

「え〜ッ、ダチョウですか〜？」
「コイより、やりがいがあるで」
「ダチョウが？」
「そうや。ダチョウ抗体の研究や。世界広しといえど、ダチョウで博士号論文を書いた研究者はおらんで。足立くんが書いたら世界初や」

そそのかしたワケではない。事実を語っただけだ。彼はすっかりその気になった。

じつは、この時点でダチョウ抗体研究の将来性など未知数だった。大学にはダチョウ抗体によるがんの抗体検査薬の研究という名目で申請を出したものの、賭けみたいなものだった。

仮に研究がうまくいかなくて、自分の立場が危うくなっても、ぼくは獣医だから大学を辞めても食っていける。手に職があり、つぶしが利くというのは、ぼくのような冒険志向型の研究者にとっては大きな保険であり、心のゆとりだ。

足立くんも獣医師の国家試験に合格していたので、その点では心配いらない。もし、研究がうまくいかなくても博士号論文を書けなくなるだけだ。まあ、それは自己責任ということで、彼には新たな研究対象を見つけてもらえばいい。大事なのは彼がＯＫしてくれるかどうかだ。

ぼくは、足立くんの澄んだ瞳をじーっと見つめ、返事を待った。すると、思案顔をうかべていた彼の表情がパッと明るくなった。

「わかりました、やらせてもらいますわ！」

こうして、オーストリッチ製高級バッグやホコリ取りぐらいでしか存在価値を認められていなかったダチョウは、足立くんの快諾によって、医療貢献への道を歩みはじめた。

とはいえその研究は、エサのモヤシを買うという、単純作業からのスタートだった。モヤシは日持ちしないから、どこのスーパーも閉店間際になると赤札シールを貼る。うまくすれば半額だ。

「先生、今日はむちゃむちゃ安売りでしたわ！」

うれしそうに声を弾ませながら、モヤシしか入っていないスーパーの袋を大事そうに抱えて研究室に駆け込んでくる足立くんを見て、彼を助手に選んで、ほんまによかったと思った。

ダチョウの飼育をはじめて半年ほど経ったころ、解剖学的見地からダチョウを一羽解体することになったときも、彼は進んで汚れ仕事を引き受けてくれた。

解体では、天井から吊したダチョウの死骸を扱う。かつてぼくが経験したように、足立くんも全身血みどろになりながら解体作業をおこなった。

しかも、このダチョウは、最終的にステーキになった。

「足立く〜ん、ダチョウさんの肉、食べてみたいわぁ」という獣医学科の美女の甘いささやきに、心やさしい彼は「ノー」といえなかったのだ。

獣医学科だから、学生たちは牛、馬、豚、ニワトリなどの解剖も経験済み。そして、どういうワケか、こういう血なまぐさい実習では女子学生のほうが、肝がすわっている。オス牛の去勢、つまり玉抜きの実習のときも、男子学生がすみっこで玉抜きの実技をおそるおそる見ているのに対して、女子学生は取り出した睾丸を手のひらにのっけて、じっくり観察する、なんていう光景も獣医学科ではふつうだ。

研究一筋で、恋人ナシ。離島のひとり旅を趣味としていた足立くんは、鼻の下を伸ばしながらダチョウ肉の調理に初挑戦した。

「ダチョウ肉は脂が少なくて、ダイエットにいいみたいですよ」

などと説明しながら、彼は自宅からもってきたホットプレートで、分厚く切ったダチョウ肉を、慣れた手つきで焼いていた。ぼくには、たこ焼き屋のバイトのようにしか見えな

かったが、

「足立くんて、すッごーい」

などと女子学生たちにもてはやされ、彼の鼻の下はますます伸びた。

だが、赤身が多くて脂気（あぶらけ）のないダチョウ肉は、やはり神戸牛には勝てなかった。

好奇心と食い気にそそられて試食会に参加した女子学生は、露骨（ろこつ）にマズそうな顔をした。

かわいそうに、足立くんが手塩（てしお）にかけてヒナから育てたダチョウだったというのに。

ダチョウの名誉（めいよ）のためにつけ加えておくが、ダチョウ肉は調理のときに、ひと手間かけると、かなり美味（おい）しい。このときは初挑戦。ひと手間かけずに、そのまま焼いたのがいけなかっただけだ。

初心者ゆえに、試食会で料理の腕を発揮できなかった足立くんには、まだまだ試練（しれん）が待っていた。

彼はでっかいポリバケツに入れたダチョウの血液を、お母さんのお買い物カーで牧場から研究室まで運んだこともある。

血なま臭いニオイはちょっとやそっとでは取れない。

しかも、深夜遅くに帰ってきた息子のTシャツは血痕（けっこん）だらけ。

「まさか、うちの息子にかぎって⁉」

足立くんのお母さんは、ものすごく心配したことだろう。

それに彼は、ダチョウ牧場で何度もダチョウに襲撃された。

ダチョウを飼育小屋に追い込もうとして逆襲され、ダチョウの卵を取ろうとして襲いかかられ、注射を打とうとして、白衣がボロボロになるまで蹴られたり、突かれたりした。

もう命がけ。

それだけではない。ダチョウのオシッコを顔面に浴びたこともある。

ダチョウはもよおしてくると、尾羽をピュッと上げる。それからミルクのようなオシッコをジャジャ〜ッとする。それが済むと、次は排便。赤くなまめかしい肛門がヌルッと盛り上がり、ボトボトッと糞をする。

軟便のときの飛沫を浴びてしまうと、臭くてたまらない。彼は買ったばかりのピューマのスニーカーで糞を踏みつけ、ゴミ箱行きにしたこともあった。

博士号取得の道は血まみれ、糞尿まみれ。そんな彼には、さらなる試練が待っていた。

ダチョウ抗体がいよいよ完成するという段階になると、提携先のインドネシアのボゴール農業大学に派遣された挙げ句、きわめて危険な高病原性鳥インフルエンザウイルスをヒヨコに注射する実験までやらねばならなかった。日本国内で扱える施設がないのだから、海外遠征も仕方がない。

旅好きの彼には最高のミッションだと思い、研究予算をやりくりして連れて行ったが、ヒヨコに注射をするのは彼の役だ。手元が狂えば、注射針を自分の手に打ちかねない。万が一に備え、ぼくらはダチョウ抗体生ワクチンを用意していたものの、感染実験のちょっとしたミスで命を落とした研究者は、昔からあとを絶たない。「ゆる～く生きる」のがモットーのぼくも、感染実験ではスイッチが切り替わり、「ええか、注射針だけは気ぃつけや」と、足立くんに厳命した。

しかし、現地の大学側の規則で、着用できる防護服はヨレヨレの布製。しかも、防護服の下は素っ裸。

「あかんわ、アソコに打ってしまったら、えらいこっちゃ」

ヒヨコを鷲づかみして、足立くんに差し出していたぼくだって、ひと事じゃない。

蒸し暑いし、防護マスクで息苦しいし、インドネシアでの実験は、炎天下の土木作業なみの重労働だ。過去形でいい切らないのは、今も感染実験の最終段階では、同じ施設でヒヨコに注射をしているからだ。

危険でイヤな役は、ほとんど足立くんの仕事。

日本の大学の研究室における指導教員と学生の関係というのは、体育会系の縦割り(たてわ)だ。博士号取得までの道のりは、根性(こんじょう)と体力と好奇心なくしてあり得ない。

幸いにも足立くんの場合は、どんな場面も臨機応変(りんきおうへん)に対応して楽しむ。

もし彼が、他力本願(たりきほんがん)の逆恨み(さかうら)タイプだったり、クソ真面目(まじめ)でがんばりすぎたりするタイプだったら、ぼくは彼にダチョウの飼育や観察、実験を任(まか)せなかった。

実験に失敗しても、思いどおりに物事(ものごと)が進まなくても、「何とかなるさ」とケロッとしているくらいじゃないと、手本のない新たな分野の研究なんかやっていられないからだ。

マスコミの取材で足立くんのことを尋(たず)ねられると、ぼくは決まってこう答える。

「彼抜きで、ダチョウ抗体の開発は語れませんわ」

そして彼は、二〇〇八年に、ダチョウ研究の論文で博士になった。むろん、世界初。

彼は、**一般的に使われているマウスやウサギの抗体より、ダチョウ卵でつくる抗体のほうが数百倍も感染抑止力(よくしりょく)が高い**ことを証明した。

実験の救世主、すき家の牛丼

インドネシアの大学で、ダチョウ抗体の最終段階の実験をおこなったのは二〇〇六年だった。ここまでたどり着いたのは、足立くんの命がけのダチョウ飼育とアイディアの賜物だ。

ダチョウ抗体は、体内に入ってもダチョウが死なないように、不活化させたウイルスをメスのダチョウに注射し、そのメスが産んだ卵から特殊な方法で取り出す。

今なら、難なくできるその処理も、当初は成功まであと少しという段階で、何度も失敗した。

問題は、ダチョウ卵の特徴にあった。

そのサイズは、ニワトリの卵（鶏卵）の約三〇個分。重さは一・五キログラムもある。殻も分厚ければ、黄身と白身を包んでいる卵殻膜も分厚いから、テーブルの角にコンコンぶつけたくらいではヒビすら入らない。

そこで、お好み焼きに使う金属製のヘラを殻にあてカンカン叩く。すると殻の一部に割れ目ができる。あとは両手を使って引き裂くようにガバッと割る。料理好きの足立くんら

ダチョウの卵はこんなに大きい！

しい思いつきである。

初めてダチョウの卵を割ったときは、ホットプレートの上でおこなった。

ぼくらは、こんもり黄身が盛り上がったニワトリの卵を想像していたが、黄身も白身もドロ〜ンと垂れ落ち、お好み焼きの生地のように、ベターっと広がった。

彼は、とにかく食べてみようと、目玉焼きをつくった。ところが蓋をして二〇分も焼いたのに、黄身は脂質が多くてベタ〜ッと粘り、一方の白身は、ゴムのような食感だった。

味は淡白で、そこそこ美味しいが、プリンをつくれば、これまた固まらない。足立くんは試行錯誤をくり返して、大きなだし巻きをつくり、ダチョウ卵料理はこれにて一件落着した。

　しかし、我々の目的はダチョウ料理のレシピ開発じゃない。ミッションは、黄身すなわち卵黄と、白身すなわち卵白を分離して、黄身から抗体を取り出し、精製することだ。最初はニワトリの卵を卵黄と卵白を分ける要領で、二つに割った殻の片方に卵を入れて、受け皿に白身を少しずつ流し込み分離させようとしたが、卵黄に卵白が混ざって、思いどおりにならなかった。

　あーでもない、こーでもないと、研究室でコンビニ弁当を食べながら、ほかの院生たちも加わってディスカッションをくり返しても、妙案がうかばない。足立くんもぼくも頭を抱えてしまった。

　そんなある日、神戸のダチョウ牧場にいるものとばかり思っていた足立くんが、研究室に駆け込んできた。

「先生、朗報です！　これを見てください」

　取り出したのは、安っぽいプラスチック製のザルとボウルのセットだ。

「なんやねん、これ？」

「卵黄分離器ですわ。ポイントはここです」といって、彼はボウルの側面を

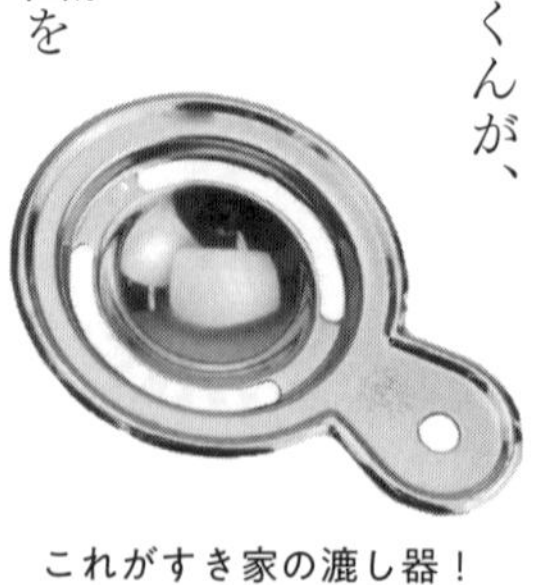

これがすき家の漉し器！

指した。横長の穴が二か所ある。

「すき家で牛丼食べて思いついたんですわ」

「すき家のぎゅ〜どん♪」

「そうです。トッピングの卵を頼むと、黄身と白身を分けて、黄身だけのっけてくださいうて、漉し器がつくんですわ。それ見て思いついたんです。で、昨日、百円ショップでザルセットを買うてつくってみました」

彼は、ダチョウ卵を使って、さっそく試した。ザルを使うのかと思ったら、「これは使わへん」とかつぶやいて、セットから外した。

「こうやってボウルに卵を全部入れるんです。で、ボウルを左右に振ります。先生、ボウルのなかを見てください。黄身と白身が少しずつ離れていきますやろ。この後、横穴から白身だけ外に垂らすんですわ」

卵黄分離に失敗した卵を料理に使い回してきた成果が、思いも寄らない場面で生かされた。そして、彼はボウルに残った黄身を二リットルサイズのビーカーに移した。

「あとは、これに薬を混ぜて撹拌します。それからペットボトルに移して、遠心分離機にかければ完ぺきです」

使用する薬品名は企業秘密。とにかく、こうしてダチョウ抗体は一気に開発成功への最終ステップを乗り越えた。

カラスは拾った貝を、わざと道路に落っことして車に轢かせる。貝殻を割って中身を食べるためだ。

食い気は発明の母だ、と、ぼくはつくづく思う。

ウルトラマンにはなれない抗体

ここまで書いて、肝腎の抗体について説明していなかったことに気づいた。「ダチョウさん」の話になると、もう、どうにも止まらない。

抗体のことは、新型コロナウイルスの報道なんかで、どなたも散々、耳にしていると思う。動物のからだは、じつに精巧にできていて、命をおびやかす敵が侵入してきたり、がん細胞のような異物が登場したりすると、生体防御反応で免疫システムが稼働しはじめる。

ロックオン。

免疫部隊は、あらゆる手段で侵入者を捕らえ、それぞれの武器で攻撃する。

ウイルスやがんが、地球の乗っ取りを目論む悪いエイリアンだとしたら、免疫部隊は宇宙防衛軍ならぬ体内防衛軍。その防衛軍の部隊のひとつが抗体で、ウイルスに感染してから新たにつくられるので「獲得免疫」という。

これに対して、もともと備わっている免疫は「自然免疫」といい、「免疫力が高い人」というのは、この自然免疫の高さを意味する。

食事、睡眠、腸内環境、ストレス、体温（36度以上が望ましい）などが「免疫力の高さ」に影響するため、新型コロナのパンデミックで、「十分な栄養と休息を！」と、盛んにいわれるようになった。

そして、獲得免疫の抗体をつくらせるために投与するものがワクチンだ。

抗体のすごいところは、ウルトラマンみたいに三分でカラータイマーがピコピコ光ったりしない。なんでウルトラマンは三分間しか戦えないのか、よぉわからんけど、抗体の効力は持続して、次に敵が入ってきたときも、そいつを狙い撃ちできる。

ただし、違うタイプのウイルスは識別できない。その意味では、どんな敵にも立ち向かうウルトラマンのほうがエライ。

ウイルスは、認識した一種類の敵しか攻撃できない抗体の弱点を巧みについて、遺伝子変異という小賢しいワザで姿を変え、人間の体内に侵入しようとする。こうなると、前に侵入したウイルスを覚えてつくられた、既存の抗体は歯が立たない。

そのため、コロコロ変異するインフルエンザウイルスの場合は、流行しそうなタイプを予測して、毎年、新しいワクチンが用意され、シーズン到来前に予防接種をおこなう。

新型コロナウイルスの場合は、これまでにないウイルスだったため、流行してからワクチン開発がはじまった。

コロナウイルス自体は、風邪の原因となるウイルスなので、人間のからだには馴染みがある。だが、亡くなった友だちに似ていると思って安心していたら、新型コロナウイルスは、**こってこてに化粧をしたゾンビだった!?**

二〇二〇年一月に、中国政府が正式に感染拡大を発表する前から、じっさいには感染者が出ていた。最初に感染が拡がった武漢が閉鎖されるまで、京都市内にも中国人観光客がたくさん歩いていた。その人たちから日本人が感染していた可能性は十分にあり得る。風邪っぽいなと思っているうちに、もともと備わっている自然免疫の力でやっつけてしまい、「風邪っぽかったけど治った」という人がいたとしても不思議ではない。

予防接種法に基づくと、インフルエンザワクチンや高齢者を対象とする肺炎球菌ワクチンは、「接種努力義務のない」B類疾病だ。

これに対して、A類疾病のポリオ（急性灰白髄炎＝小児麻痺）、麻しん（はしか）、結核、風しん（三日ばしか）、水痘（水ぼうそう）、ジフテリア、百日ぜき、破傷風、日本脳炎、Ｈｉｂ感染症、肺炎球菌感染症（小児）、ヒトパピローマウイルス感染症、Ｂ型肝炎、ロタウイルス感染症などは、「定期予防接種」という名目で、ワクチンの予防接種が勧められている。

かつては義務だったが、現在は「努力義務」。強制的ではない。

本当は、みんなに接種してもらいたい。だけど、強制なんてまっぴらごめんという国民もいる。「努力義務」というあいまいな表現に苦心の跡が見え隠れして、いかにも日本的。苦笑してしまう。

ワクチンの第一号は、世界史にも影響を与えてきた天然痘のワクチン、「種痘」だった。開発者はイギリス人医師エドワード・ジェンナー。牛飼いのあいだで天然痘の発症者が少ないことに気づき、開発への糸口をつかんだ。

ただ、インドでは紀元前から天然痘患者の膿を活用した予防方法があったという。免疫の概念があったのか、それとも経験則なのかわからないけれども、インド人は、数字の0（ゼロ）も発明した。「インド人は、どんだけ賢いねん」と、思うのはぼくだけではないだろう。

ところで、ジェンナーの功績はドイツのコッホ研究所、フランスのパスツール研究所へと受け継がれ、抗体の発見へとつながった。

抗体の存在を世界で初めて発見したのは、コッホ研究所にいた北里柴三郎博士とドイツ人のエミール・フォン・ベーリング博士で、一八九〇年のことだから、今から一三〇年も前だ。

抗体を含む免疫システムの詳細なしくみは、二〇世紀に入っても解明されず、二〇世紀後半になり、ようやく全容が明らかになってきた。

世界じゅうのスーパー頭脳が研究しても解明に一〇〇年以上の年月がかかっているということは、それほど複雑なシステムということである。

というわけで、本書では免疫システムに関する詳しい話を端折り、ダチョウ抗体のメカニズムだけ説明したい。

IgY抗体で、ウイルスの細胞侵入をブロック

抗体はアミノ酸がたくさんつながった高分子だ。平たくいうとタンパク質。タンパク質は動物のからだを構成する主成分で、ぼくらは肉や魚、卵、大豆製品などから、その多くを摂取している。

食品中のタンパク質は、腸から吸収される段階でアミノ酸まで分解される。アミノ酸といっても何百種類とあり、そのうち人間のからだのタンパク質を構成するのは、二〇種類で、細胞内でタンパク質につくり替えられる。

体内でつくり替えられたタンパク質は筋肉になるものもあれば、皮膚や毛髪、消化酵素やホルモン、細胞間の情報伝達を担う各種の因子などさまざまあり、抗体もそのひとつだ。

免疫反応によって、B細胞と呼ばれる細胞でつくられる抗体は、哺乳類では五種類あり、性質によりIgG、IgE、IgD、IgM、IgAに分けられる。

卵生の動物、つまり鳥類やハ虫類などは血液から卵に移動するIgYという抗体がある。

メスのダチョウのからだに、不活化したインフルエンザウイルスやコロナウイルスなど

病原性ウイルスを注射する。

不活化とは、熱やアルコールなどの薬剤、紫外線などによってウイルスや細菌の病原性をうんと弱めることをいい、「不活性化」ともいう。

病原性は失せても、ウイルスや細菌が注射された体内では、免疫反応が起こる。

そして、いくつかの過程を経て、体内に各種の抗体がつくられる。

もっとも多いのはＩｇＹで、抗体の主役といってもよい。

産卵期のダチョウの体内にＩｇＹができると、二週間後くらいに卵のなかにＩｇＹが移行する。

鳥類の卵は、最初に卵黄（黄身）ができ、卵黄を覆うように卵白（白身）、卵膜、卵殻ができていく。ＩｇＹの行き先は、おもに卵黄だ。孵化したヒナは、その後しばらくの間、卵黄に含まれている抗体で、病原体から身を守っている。

黄身とおっぱい（母乳）という違いはあるが、人間や動物の赤ちゃんが初乳を飲んで、母親から大量の抗体をもらうのと同じだ。

ＩｇＹ抗体の形はＹ字型。

ＩｇＹ抗体はウイルスを見つけると、敵のスパイクタンパク質（略してＳタンパク質）を、

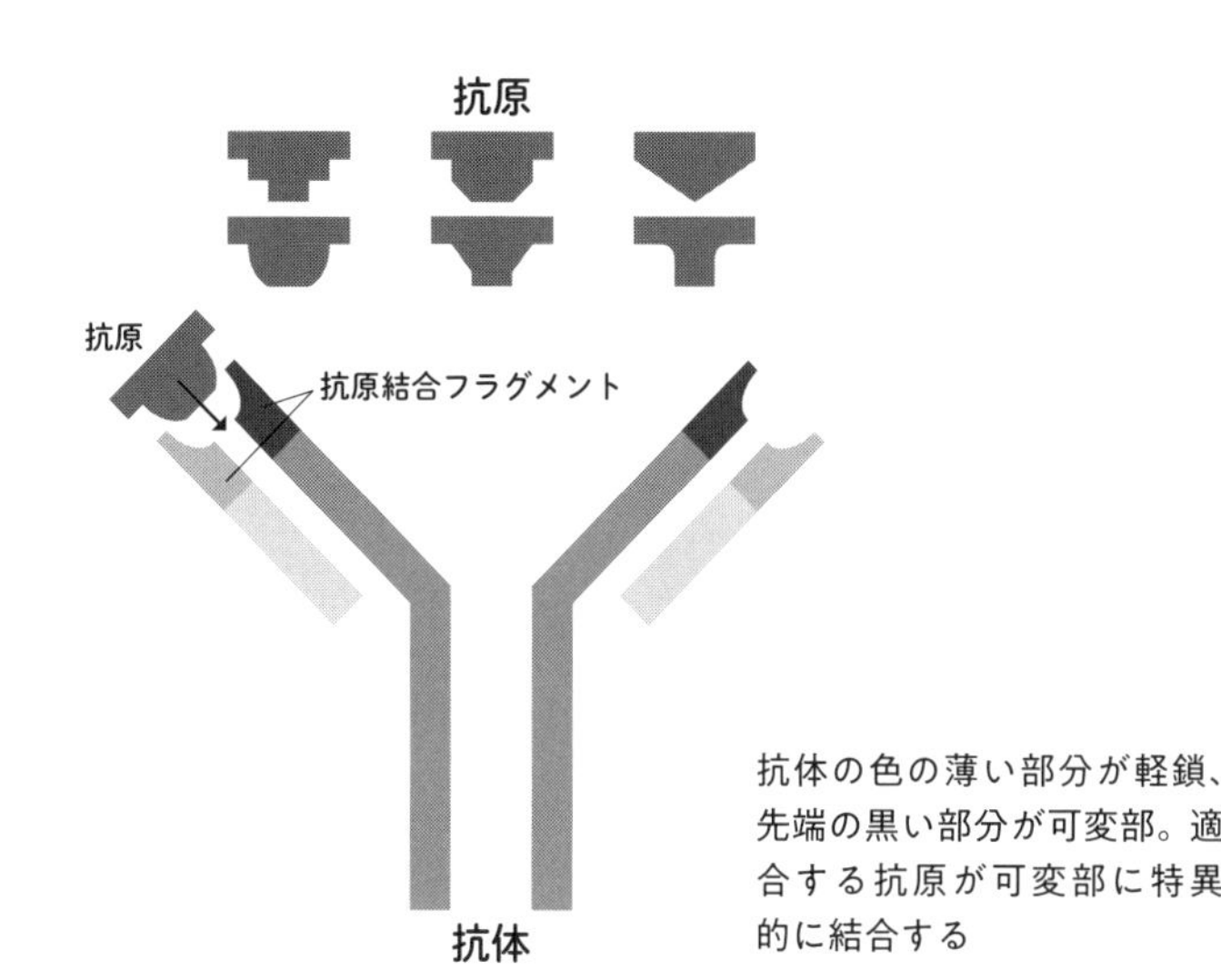

抗体の色の薄い部分が軽鎖、先端の黒い部分が可変部。適合する抗原が可変部に特異的に結合する

Y字の先端部分で、パカッと覆ってしまう。

　このSタンパク質は、ウイルスの表面から突き出た角のような部分だ。新型コロナウイルスの拡大画像でよく見かけるが、漫画『アンパンマン』に登場する「ばいきんまん」の頭に生えている角を思い出してほしい。あれは、Sタンパク質をモチーフにしたのだろう。ばいきんまんの顔に、たくさんの角をつけたら、新型コロナウイルスになる。

　さて、Sタンパク質は抗体などの邪魔が入らないと、ヒトの細胞にピタッと引っつき、細胞膜を突き破って細胞のなかに侵入する。つまり、「ウイルスに感染した」状態だ。

　ウイルスは、それ自体では増殖できないが、細胞に侵入して感染すると、乗っ取った細胞

ダチョウ抗体

ダチョウ抗体の作製と利用

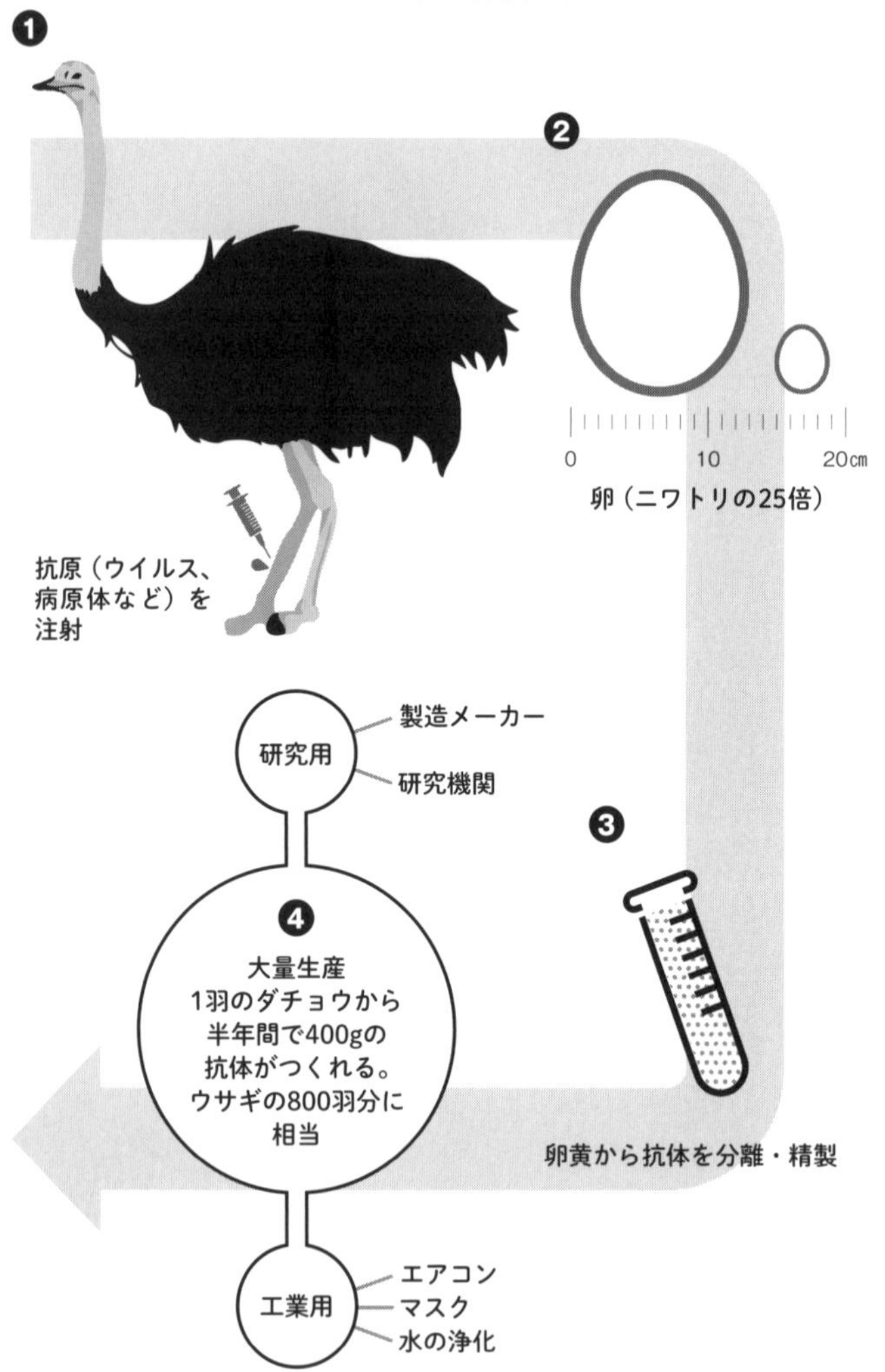

を自分の増殖のために利用する。

タンパク質とエネルギーを生み出す細胞を工場にたとえるなら、A社の工場を乗っ取った同業他社（ウイルス）が、自社の製品をつくるようなものだ。

自社工場（人体の細胞）で、主力製品（タンパク質とエネルギー）をつくれなくなったら、経営は悪化する（重症化）。資金繰り（治療）がうまくいかなければ倒産（死）するしかない。

ところが、抗体があると、最悪の事態を回避できる可能性が出てくる。

抗体は、ウイルスのSタンパク質に引っつく。すると、ウイルスは侵入部分が覆われてしまうので、ヒトの細胞に侵入できなくなる。

そして、この抗体をダチョウの卵でつくったものが「ダチョウ抗体」だ。

断然お得なダチョウ抗体の生産コスト

ダチョウ抗体の大きな特徴は、一個の卵で、安価に大量の抗体をつくれる点だ。

ダチョウ抗体は一個あたり四グラムつくれる。インフルエンザ用の抗体ワクチンなら、一個で八〇〇〜三〇〇〇人分。

さらにいえば、一羽のダチョウからとれる抗体は、ウサギ一羽の四〇〇〇倍だ。

一個あたりの抗体生産量が多いので、品質のバラツキが少ないのも利点だ。

一羽あたりの年間の産卵数は八〇〜一二〇個。ダチョウの平均寿命は五〇〜六〇歳だから、二〇〜四〇年間も産卵できる。

もっとも、日本国内でぼくらが飼育しているのは五〇〇羽ほどなので、数千万人分の抗体ワクチンを生産できるかといえば、現状では難しい。

ただ、現在も研究中の抗体検査薬や抗体治療薬の製造となると、話は別だ。

抗体検査薬や抗体治療薬の抗体は、一般的にウサギやラット、マウスなどを使う。

その価格は一グラムあたり数億円。これは誤植なんかじゃない。一グラムで、フェラーリなら新車が一〇台くらい、高級マンションなら二〜三軒買える。

これに対してダチョウ抗体は一グラム約一〇万円。桁違いに安い。

それに、ダチョウ卵一個分、つまり四グラムの抗体をマウスでつくろうとしたら四〇〇〇匹分も必要だ。

ダチョウ抗体マスクで換算すると、ダチョウ卵一個で八万枚もつくれる。

一羽が年に一〇〇個の卵を産んだとすると八〇〇万枚。四〇年間卵を産んだとして、一羽あたり三億二〇〇〇万枚のマスクを製造できる。

エサ代も安い。

メスの場合は、一羽あたり一日四キログラムほどのモヤシに、蛎殻一・五キログラム。これにペレットとおからが少々だ。

太りすぎると足を痛めるので、ペットの犬や猫のような過保護は厳禁だ。

「これ、ダチョウと先生で食べて」

といって、つい最近、ダチョウ牧場の田中さんから飼料米と新米のコシヒカリをもらった。「まずはダチョウさんに」と思って飼料米をあげると、ニョロ〜ンと首を伸ばして、ものすごい勢いで平らげた。

ぼくの車には、コシヒカリと書かれた袋が積んであった。自宅に帰り、すぐに炊いた。ごはん茶碗に盛りつけ、よく見ないで口に入れた。ジャリッ。

「なんじゃ、これ〜！」

ぼくが食べたのは飼料米。粘りもないし、ごはん粒もバラッバラ。飼料米とコシヒカリが逆に袋詰めされていた。

「ダチョウがええもん食って、ぼくらがえらい不味いもん食って、なんやねん」

田中さんが「これはうまい！」と太鼓判を押したコシヒカリの新米が、ダチョウのおなかに収まったと思うと、無性に腹が立った。

うちのインコさんたちにも食べさせたかった。

ぼくが飼っているインコたちは、炊きたてごはんが大好物なのだ。炊飯器からごはん茶碗によそうと、ワーッと飛んできて、ごはん茶碗からワシャワシャ食べる。

インコは猫舌じゃないらしい。熱々なのに平気で食べる。

好物のヒマワリとかピーナツも、炊きたてごはんにはかなわない。

米は、インコも病みつきになるほど穀類の王者なのだろう。そのなかでもコシヒカリはダントツ一位。アホゆえに、本能のおもむくままに生きているダチョウが、そのことを証明してくれた。

驚くことに、コシヒカリを食べたダチョウたちは体重が増えた。飼料米より糖質の量が多いからだろう。ただ、悩ましいことに、コシヒカリの味を覚えてしまい、飼料米を食べなくなった。

そもそも、ダチョウたちに与えている主食のモヤシにしても、たんなる売れ残りの廃棄物とは違う。

原料は、神戸にあるアサヒ食品工業が北海道の契約農場で栽培している減農薬の大豆だ。この大豆は、形も丸く粒がそろい、ふくよかな甘みがある。コロナ禍で食料難になったらたいへんだからと、一〇キログラム入りの袋詰めを、アサヒ食品工業の通販サイト「食べもんぢから。」で購入した友人のオバチャンは、函館産のがごめ昆布といっしょに甘辛く炊いて食べているそうで、「大豆の甘みと、がごめ昆布のとろみが絶妙！」とかいって、フェイスブックに写真をアップしていた。

ご近所さんに大豆をおすそ分けしたら、もっと分けてくれと大好評だったらしい。ダチョウさんたちが、アサヒ食品工業の売れ残りモヤシを喜ぶはずである。

一般に大豆はタンパク質豊富なダイエット食品と思われているが、糖質も含まれている。米は、ほぼ完全な糖質食品。コシヒカリを食べてしまったダチョウたちが飼料米に見向きもしなくなったのも、もともと美味しい大豆モヤシを食べていたせいで、舌が肥えているからに違いない。

ダチョウだって腸内細菌で健康維持!?

ぼくは、アメリカのアリゾナ州にあるダチョウ牧場と提携して、五〇〇〇羽ほどのダチョウを飼育している。アリゾナに、モヤシはない。ダチョウたちのエサは、コーンやアルファルファなど、地産地消だ。

ダチョウに必要な一日の摂取カロリーは、二〇〇〇キロカロリーくらい。そこそこからだを動かしている成人に必要なカロリーと同程度だ。

しかし、卵をとるメスのダチョウには、カルシウムなどのミネラルが必須。カルシウムは蛎殻の粉末などで摂るが、ダチョウたちは土や小石も食べて、ミネラル成分を補っている。

つまり、土壌の善し悪しが、ダチョウの健康に影響する。

彼らは音には敏感だから、車の往来が激しいところではストレスに負けてしまうが、基本的には、環境より土壌のほうが健康維持には重要だ。

ぼくの教え子が勤める鹿児島県の「霧島アート牧場」にもダチョウが一二羽いて、ここのダチョウたちは、毎年、一二〇個以上の卵を産む。

一羽で一二〇個以上だ!?

神戸のダチョウ牧場の場合は、八〇〜一〇〇個だから、それよりはるかに多い。

しかも、殻が立派。お好み焼きのヘラでコンコンやったくらいじゃ割れないほど厚みがある。


「霧島アート牧場」は霧島火山群のひとつ、栗野岳の中腹にあり、土壌は火山灰だ。

ミネラル成分バッチリという土壌のうえ、おそらく水もいいのだろう。霧島アート牧場があるのは姶良郡湧水町。町名どおり湧水で知られ、日本名水百選にも選ばれている「丸池湧水」は、日量六万トンの水が湧き出るそうだ。

栄養素と水。どちらも、地球の生きものの基本だ。


鳥たちは、腸内環境の重要性を本能的に知っていた!?


ところで、土壌には微生物も棲んでいる。ダチョウは、土といっしょに微生物も食べる。

この微生物が消化管に常在している腸内細菌と同種なら、その補給になる。腸管内では、異種の腸内細菌が勢力争いをしている。仲間は多いほうがいい。いずれにしても、土壌中の微生物は、ダチョウの腸内の環境保全に貢献する。

腸内細菌だって生きているから、何か食べなくちゃいけない。それがセルロース（不溶性食物繊維）だったり、土壌中の微生物だったりするわけだ。

いや、ひょっとしたら腸内細菌が鳥の脳みそに命じて、土を食べさせているのかもしれない。

というのも脳腸相関といって、腸と脳は遠距離恋愛のカップルみたいにつながっている。腸内環境が悪いと、人間の場合は気分の落ち込みがはげしくなったり、認知機能の低下を招いたりする。

微生物をあなどってはいけない。

人間では、腸管の病気治療を目的に、腸内環境がよい人のウンチを精製して移植する治療方法がある。日本ではまだごく一部でしかおこなわれていないが、ダチョウでは、この腸内細菌移植を以前からおこなってきた。ヒナのときに違うダチョウのウンチを食べさせるのだ。これは牛でもおこなっている。

ダチョウも牛も草食動物だから、腸内細菌の種類や数は人間より多いはずで、腸内細菌だけでなく、ミジンコのような原虫も棲みついている。

草食動物の消化管では、こうした原虫や腸内細菌が、植物のセルロース（不溶性食物繊維（い））を分解（ぶんかい）してブドウ糖をつくる。

糖質、つまりブドウ糖は動物のエネルギー源。ダチョウやインコが米好きなのも、お米には糖質が多くて美味（おい）しいからだ。

野生（やせい）のライオンやチーターなんかの肉食動物も、大きな草食動物を殺して食べるときは、小腸（しょうちょう）から食べる。小腸は消化液（しょうかえき）が出て、食べ物の分解が進むところだから、内臓を食べれば、手っ取り早くブドウ糖が摂れる。

小腸のそばには肝臓（かんぞう）もあり、ここにもグリコーゲンという形でブドウ糖が貯蔵（ちょぞう）されている。したがって、肉食動物には、草食動物の肝臓もグルメスポットだ。

人間だって病気で倒れたときは、とりあえずブドウ糖の注射を打つ。要するに、ブドウ糖は即効性（そっこうせい）のある活力源（かつりょくげん）。「その場しのぎのブドウ糖」なのである。

もっとも、草食動物の場合は、人間にはない隠（かく）しワザがある。

水をがぶ飲みして腸内細菌を水攻（みずぜ）めで殺し、その死骸（しがい）をタンパク源にしてしまうのだ。ダチョウの場合は水の飲み方が下手（へた）くそで、自分の目線（めせん）より低い位置にある水入れにニョロ〜ンと首を下げて、クチバシの内側に水を含む。でも、首が長いのでそのままでは飲めない。そこで、おもむろに首を持ち上げゴクリと飲む。

その様子が、かなりエグい。

たいがいの鳥は、消化管の途中にある「そのう」に、飲み込んだエサをいったん貯蔵する。エサを食べると、ポッコリ膨らむ部分だ。だが、ダチョウのそのうは未発達。口の奥につながっている食道は、カーブが続く峠道みたいにS字状。

ニョロ〜ンと首を下げてクチバシを水のなかに突っ込む。それからギュイ〜ンと首を伸ばしてゴクリ。すると、食道のS字に沿ってモコッ、モコッと首が膨れていくのだ。

モヤシを食べているときも同じ。しかも、スピード感はゼロ。時速六〇キロくらいのスピードでも曲がれそうなカーブを、チンタラ走る車のように遅い。

もっとも気色は悪いけど、見ているとホッとする。

見ているだけでストレス発散。警戒されるようなことさえしなければ、ダチョウは人畜無害どころか、癒やし系鳥類なのかもしれない。

第二章

世界初、ダチョウ抗体マスク誕生

ダチョウ抗体マスクという発想

二〇〇五年に、ダチョウ抗体の分離・精製法を確立し、次にぼくが取り組んだのは、研究成果の発表だった。

ぼくは、バイオ系のビジネスショーやセミナー講師などを引き受けたりして、民間企業の人たちにアピールした。

まずは、知ってもらうこと。

誰かの目にふれれば、次のコマに進める可能性がある。

一方では、ニワトリの伝染性気管支ウイルスの検査キットやダチョウ抗体を表面に塗布した抗体フィルターや抗体マスクの開発も模索した。

抗体検査薬や抗体薬の場合は、臨床試験が欠かせない。厚生労働省の認可も必要だ。そこまでたどり着くには、何年もかかる。だが、焦ることはない。できることから手をつければいいのだ。

抗体マスクを思いついたきっかけは、ふいに訪れた。

二〇〇四年に京都府内の養鶏場で、高病原性鳥インフルエンザに感染したニワトリが大量に死んだのだ。感染源は養鶏場内に入り込んだ野鳥で、人への感染拡大も危惧された。大事にはいたらなかったものの、処理作業をおこなっていた人のなかには感染した人もいたという。

獣医師だけではなく京都府の職員も感染拡大防止や原因究明のために、養鶏場で仕事をすることになった。

ぼくはニワトリの感染症を研究してきたし、現場の状況は獣医師でもある嫁さんから教えてもらえる。そして、成果はあった。

「皆さん防護マスクを着けて作業するんやけど、息苦しくて外したくなるみたいやわ」

この情報がヒントになり、ダチョウ抗体をマスクに活用する方法を思いついた。

獣医師ら現場の人が使うのは、防毒マスクのようなゴツいタイプや、装着者を感染から守るために実験室や医療現場などで使う、お椀のような形をしたＮ-95マスクだ。現場の人たちはこれを使ったという。

当時、Ｈ５Ｎ１鳥インフルエンザが東南アジアの一部で発生していた。これは非常に致死率が高い。

一般にインフルエンザは、シベリア地方の水鳥からアヒルやニワトリなどの家禽に感染し、次に、近くで飼育されている豚、そして人間が感染する。豚は、人獣共通感染症の媒介役。インフルエンザ、日本脳炎、トキソプラズマ症、サルモネラ、Ｅ型肝炎ウイルス、劇症型連鎖球菌症などが豚から人にうつる。

もし、高病原性鳥インフルエンザのＨ５Ｎ１が、養鶏場のニワトリから養豚場の豚、そして人にうつったら、パンデミックになる可能性があった。ぼくはそれが怖かった。

「人類救済のために、息苦しくない高機能のマスクをつくらなあかん」

こう決意したとはいえ、実物がなければ説得力に欠ける。そこで、プレゼンテーション用に、濾紙をダチョウ抗体の溶液に浸けて、フィルターのモデルをつくったり、ダチョウ抗体のしくみをイラスト化したりした。

もっとも、ぼくが描くダチョウは、どれもニワトリ風。ダチョウに鞍替えしても、かつての〝恋人〟の面影がちらつく。いや、ニワトリだけじゃない。

インコだって、ダチョウだって、ニワトリだって、
みんな、みんな鳥の仲間だ、恋人なんだ〜♪

ちがう、この歌やない。ぼくの十八番は長渕や、『とんぼ』や。

ああ　しあわせのダチョウが　ほら
俺を蹴りつけ　笑わってらあ♪

世界初、ダチョウ抗体マスク飯塚市で誕生

二〇〇六年秋、研究室に電話が入った。

「塚本先生のご講演を拝聴いたしまして、マスクのお話に興味をもったものですから、ご連絡を差し上げました」

見ず知らずの相手は、福岡県飯塚市に本社を置く株式会社CROSSEED（以下、クロシード）」の社長、辻政和さんだった。

辻さんはダチョウ抗体マスクをつくりたいといった。願ってもない話だ。ぼくは、すぐに辻さんに会った。

大手商社の営業企画部門にいたという辻さんは、温厚そうだが、やり手のオーラをバンバン出していた。

ぼくも学生時代には、ＦＡＸで注文をとる日本画の画廊をやったり、有限会社を立ち上げて、往診専門のフリー獣医をやったりして学費や研究費を稼いだ経験があるから、ちょっと鼻をヒクヒクさせれば、相手が商人かどうか嗅ぎ分けられる。

辻さんには、プロフェッショナルの匂いがした。臭いほうのニオイじゃなくて、芳しいほうのニオイだ。

最初のうち飯塚市と聞いてもピンとこなかったが、そうそう、受精率を高めるために牛の尻の上でモグサを焚く、温熱療法をやっている家畜診療所があった。

「飯塚は、縄文時代の後期から稲作が盛んだった地域で、弥生時代の遺跡から絹も発掘されています。明治以降は筑豊炭田で町の経済が潤って、映画「男はつらいよ」の舞台になったこともあります。飯塚は博多から快速電車で四〇分程度の距離だから、アクセスもいい。工場用地にも困りません」

九州工業大学や近畿大学のキャンパスもあり、ＩＴ関連のベンチャー企業が多い。新規事業をはじめるには理想的な環境だ。

「塚本先生はご存じかどうか、マスクの国内生産は空洞化状態です。私はそこに着目して、周囲からは無謀だといわれましたが、二〇〇五年にマスク工場を建てました。うちの会社は資生堂さん、ダイキン工業さんと取り引きしています。先生と産学連携で事業を進めれば、マスクとダチョウの組み合わせでイノベーションが起こせると思います。一緒にやりませんか」

イノベーション、いい言葉だ。そして、辻さんの計画は地に足がついていた。この人と連携すれば、マスクのアイディアを実現できると確信した。

何をかくそう、ぼくは、ダチョウ抗体をマスクに応用することまでは思いついたが、マスクってどうやってつくるねん？　というレベルだった。

ぼくは、辻さんから多くを学んだ。

①マスクの素材は、ガーゼ、不織布が主流（ただし、最近はポリエステル製も普及）。

②ガーゼマスクは、一枚のガーゼを折り重ねてつくる。

③マスクの形状は、従来の平型（ガーゼマスクがこのタイプ）、立体型、プリーツ型の三種類ある。

ダチョウ抗体の産生

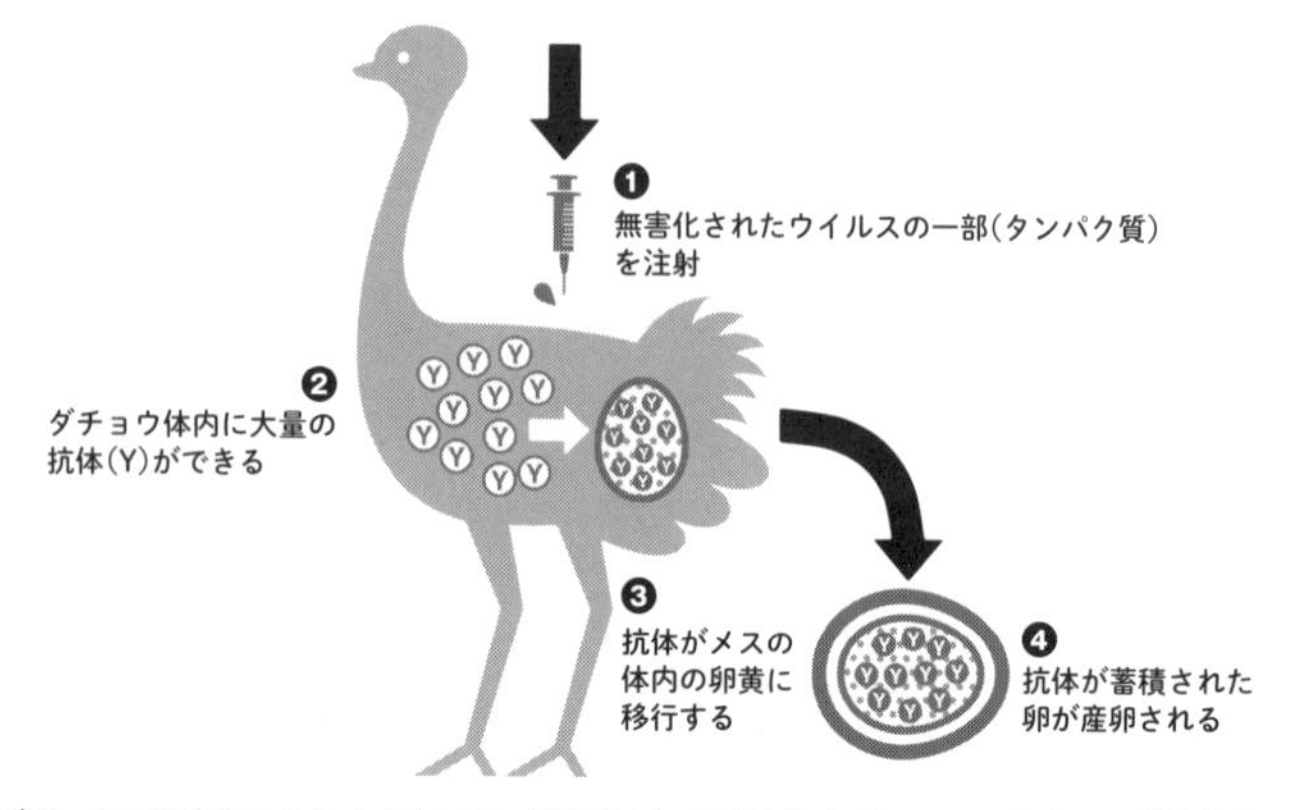

ダチョウに無害化されたウイルスの一部を注射。注射されたダチョウの体内では“抗体”がつくられ、繁殖時期のメスのダチョウからは“抗体入りの卵”が産卵される。

ダチョウ抗体の産生

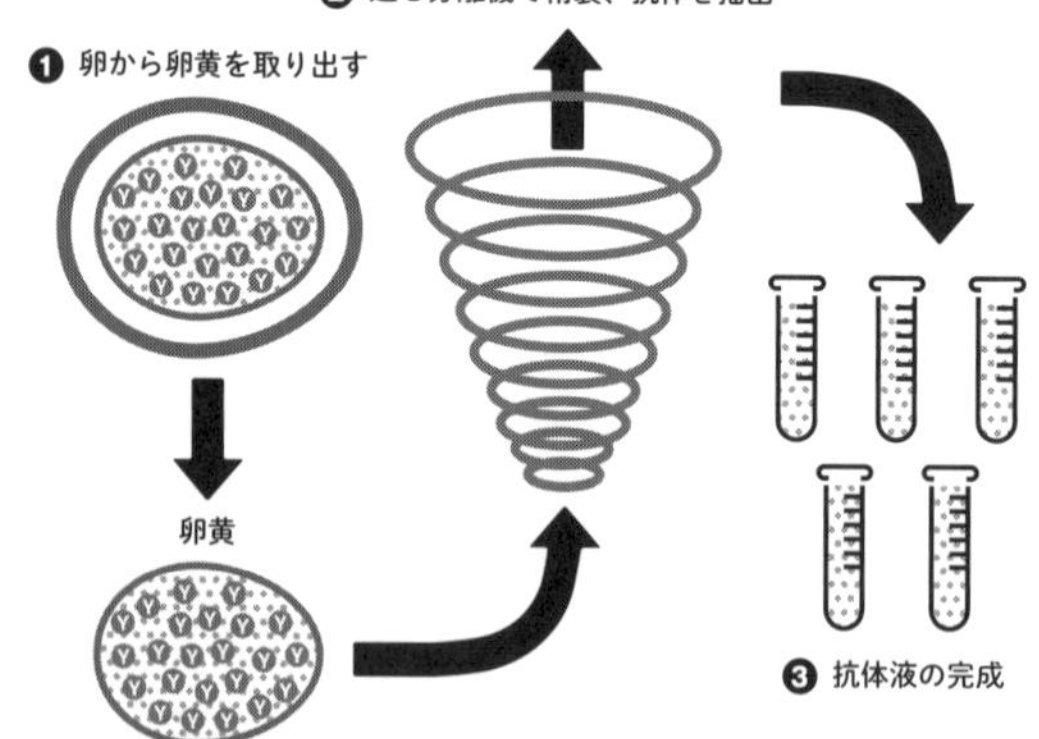

ダチョウの卵から特殊な器具を使って卵黄を取り出す。その卵黄を遠心分離機で繰り返し精製し“ダチョウ抗体”を抽出する。

④N-95マスクは、粒子径約〇・三マイクロメートルの微細な粒子を九五%以上ブロックできる。防護力は高いが、息苦しくなるのが難点。
⑤サージカルマスクは、不織布製で三層構造。おもに手術室など医療現場で使う。
⑥サージカルマスクの二層目は静電フィルター。一層目でブロックできなかったウイルスや細菌を、静電気の作用で捕らえる。

こうした一般的な知識に加えて、ぼくは日本製マスクのすごさも学んだ。

⑦お買い得な外国製マスクは、息をするとペタッと鼻に引っつく。紐も取れやすい。
⑧日本製マスクは検品が厳しく、不良品がない。
⑨日本製マスクは、形状から紐のつけ方に至るまで、使いやすさを徹底的に追求し、ていねいな仕上がりは、職人ワザの域。
⑩日本製マスクの品質は世界一。

辻さんとぼくは、打ち合わせを重ねた。

抗体フィルターの製造

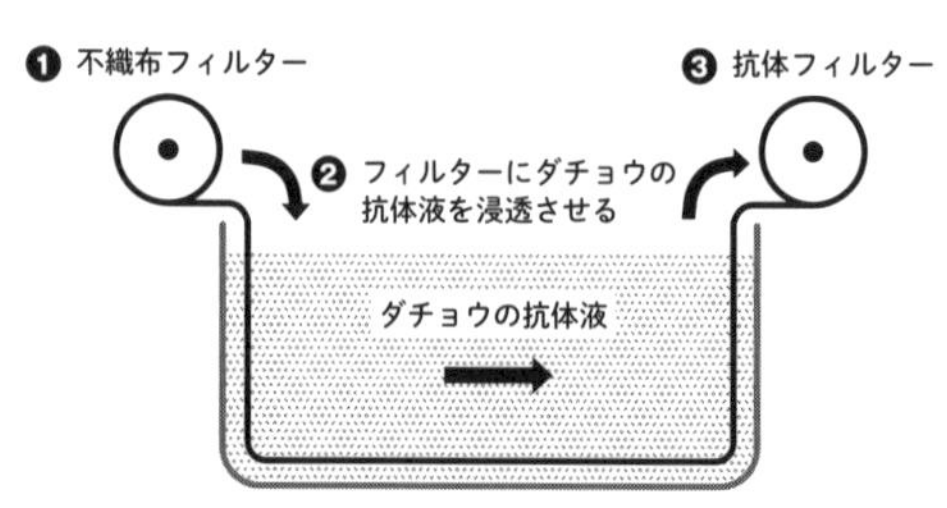

精製・抽出された“ダチョウ抗体”を、不織布フィルターに、担持という工程で浸透させ“抗体フィルター”をつくる。

抗体マスクの成型加工

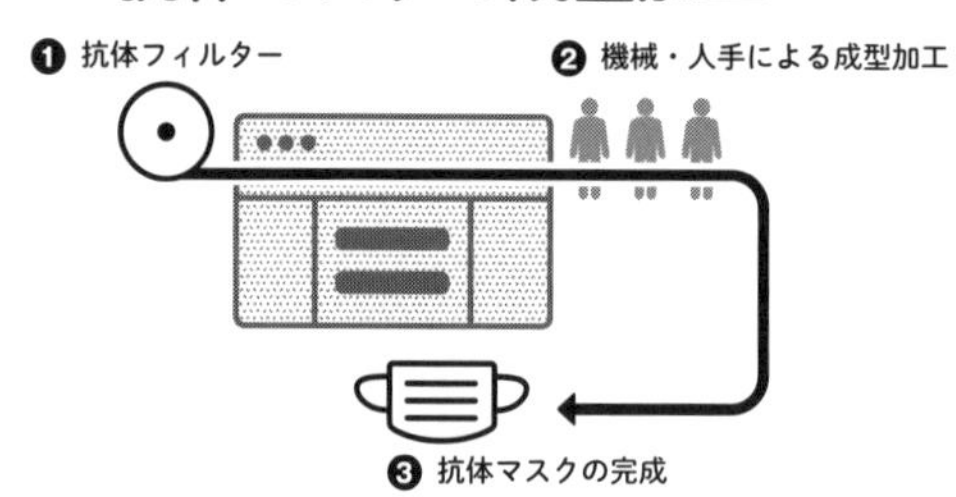

“抗体フィルター”は、マスクの形状別に、国内・海外の工場で成型加工され“抗体マスク”が完成する。

全数検品と、包装・出荷

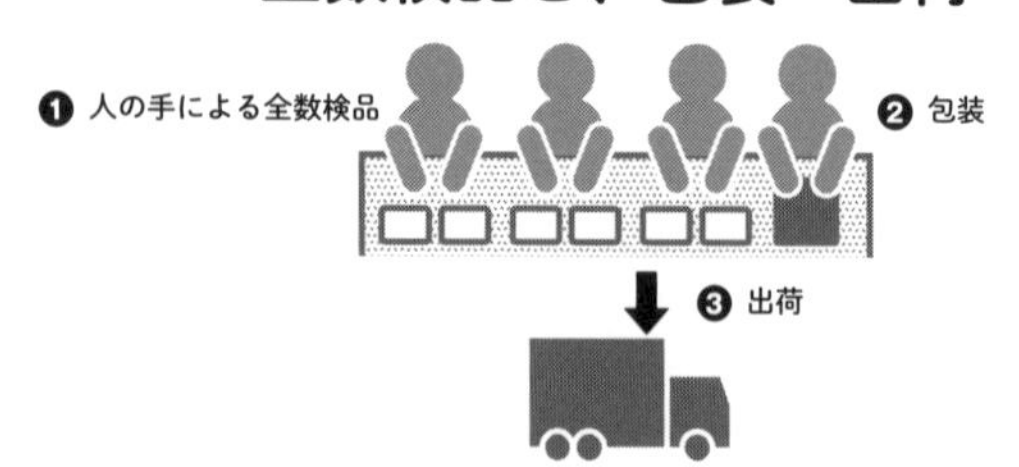

成型加工された“ダチョウ抗体マスク®”は、飯塚の本社工場にて、厳格な基準のもとにすべての品種を全数検品する。
検品後、気密性の高いアルミ袋に包装し、出荷する。

3Dプリーツ型マスクの構造

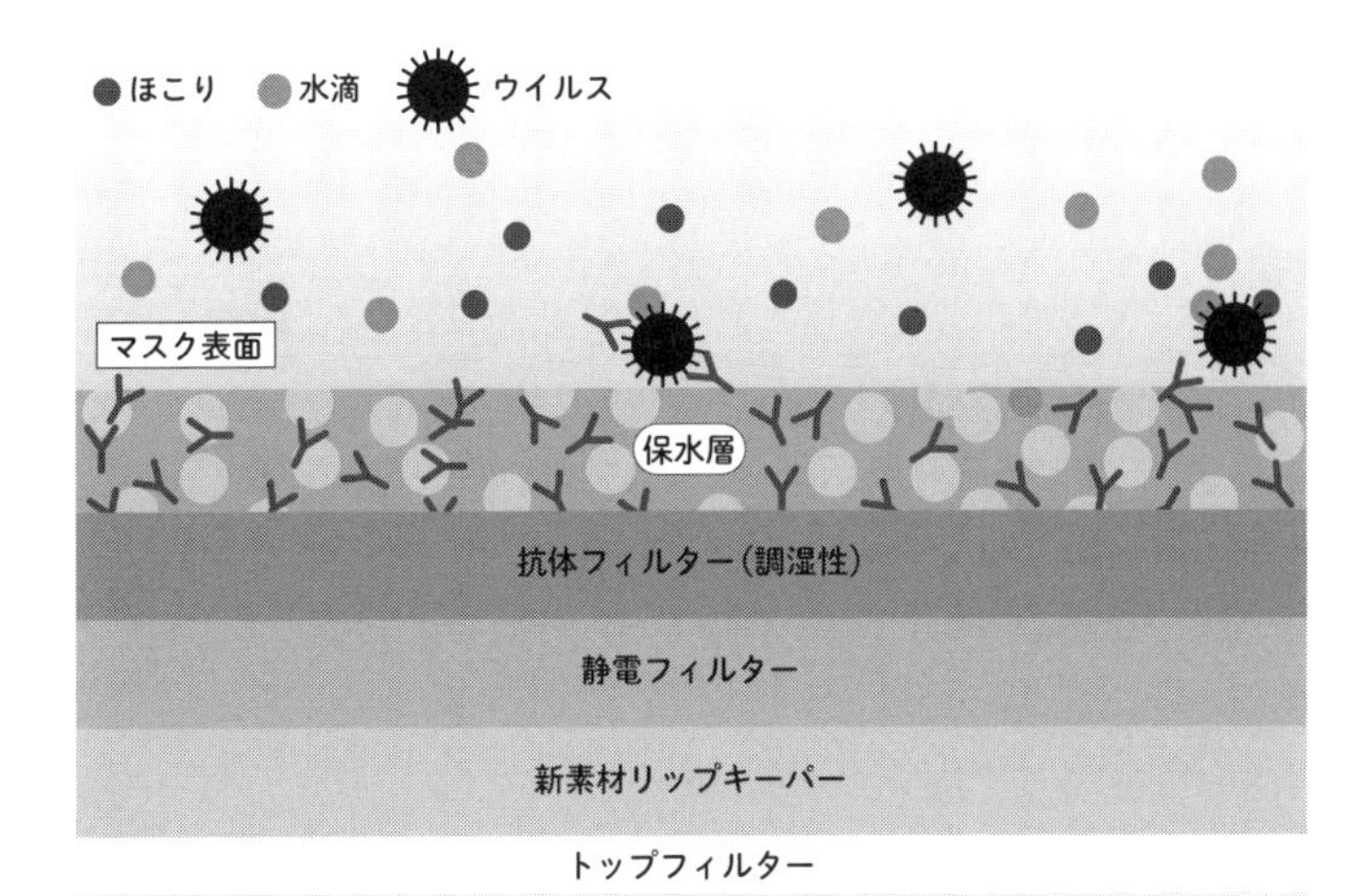

マスクの形状は二タイプ。ひとつはN-95マスクに多いお椀型。もうひとつはプリーツ型。どちらも医療現場で使えるサージカルだ。

素材は不織布で四層構造。その中身は最新バージョンでいうと、次のようになっている。

ダチョウ抗体フィルター（調湿性フィルター＋保水層）
静電フィルター
新素材リップキーパー
トップフィルター

外側の保水層には、ダチョウ抗体がたっぷり一七〇兆個も含まれ、ここで大半のウイルスや細菌がブロックされる。だが、用心に越したことはない。二層目に静電フィルターを使い、逃げた敵はここでシャットアウトする。

三層目の新素材リップキーパーは、通気性と形状記憶性を備えた素材だ。「スーパーソニックウエイブ加工」という特許技術によって、独自の「３Ｄプリーツ形状記憶構造」が可能となった。

一般的なプリーツ型のマスクは、鼻や顎など顔の一部に圧力が集中して圧迫感がある。それに対して、ダチョウ抗体マスクは力点が分散されるので、着け心地が軽やか。長時間着けても違和感がないし、化粧がマスクに付着しない。

口元にあたるトップフィルターもサラッとした感触なので、着けていることを忘れてしまうといっても、オーバーな表現じゃない。

着け心地の悪いマスクだとはずしたくなるし、位置がズレたりして、それを直そうとさわってしまう。もし、マスクの表面にウイルスが付着していたら、手指にうつる可能性がある。その手指で、目、鼻、口元なんかをさわってしまったら、感染リスクがグンと高くなる。

フィルターの性能についても、ＰＦＥ（〇・一マイクロメートル微小粒子捕集効率試験）、

ウイルス名・花粉名	10分後 感染抑制率
鳥インフルエンザウイルス H5N1	99.9%以上
季節性インフルエンザウイルス A香港型H3N2 Aソ連型H1N1・B型	99.9%以上
インフルエンザ（H1N1）2009	99.94%以上
鳥インフルエンザウイルス A/H7N9	99%以上
新型コロナウイルス2019-CoV	99%以上
花粉（スギ・ヒノキ・ブタクサ）	1時間後パッチテストでのアレルギー反応の抑制率85%以上

VFE（ウイルス飛沫捕集効率試験）、BFE（バクテリア捕集効率試験）、花粉捕集効率試験は、いずれも九九％以上をクリアしている。

第一号のダチョウ抗体マスクは、鳥インフルエンザ（H5N1）だけに対応させたものだったが、その後、季節性インフルエンザウイルス（A香港型H3N2、Aソ連型H1N1・B型）、二〇〇九年にWHO（世界保健機関）がパンデミック宣言したインフルエンザ（H1N1）2009、鳥インフルエンザウイルス（A/H7N9）、花粉（スギ・ヒノキ・ブタクサ）などにも対応できるように改良した。

そして二〇二〇年二月には新型コロナ

ウイルスの抗体も開発して、マスクの抗体フィルターに加えた。

前ページの表は各種ウイルスの感染抑制率をまとめたもので、京都府立大学、インドネシアボゴール農業大学獣医学部、海外連携機関などで実施したテスト結果だ。

こうして二〇〇八年七月、ついにダチョウ抗体マスクが誕生した。

お椀型と、「3Dプリーツ形状記憶構造」を取り入れたプリーツ型の二種類。

そして、どちらにも緑色のダチョウのマークをプリントした。いうまでもなく、ぼくの趣味。

「ダチョウさん、感染症におびえる世界中の人たちのために羽ばたくんだ！」

そんな思いを込めたつもりだ。

最初につくった六〇〇〇万枚は、あっという間に自治体や医療機関へ飛んで行った。

さらに、ダチョウ抗体は資生堂が販売した女性用マスクにも使われた。

これら二社から発売されたダチョウ抗体マスクの売り上げは、一〇年間で二一〇億円。飯塚市の地域雇用や税収増に貢献できたと思う。

さらに辻さんは、セコムと出光興産とも連携した。二〇一一年の東日本大震災のとき、ダチョウ抗体マスクを自社の危機管理用に備蓄していたセコムは、五〇〇〇万枚を津波の被災地で配布した。

「石巻では、被災した人たちがダチョウマークつきのマスクをしている」という報告があり、辻さんはもちろん、ぼくも自分の研究が役立ってうれしかった。

震災から三週間後に、津波の被害が甚大だった石巻で取材をした記者の友人の話では、粉塵がひどくて、口と鼻を覆わなければ外を歩けなかったという。現地でマスクを調達しようにも、開いていた店はコンビニが数軒。

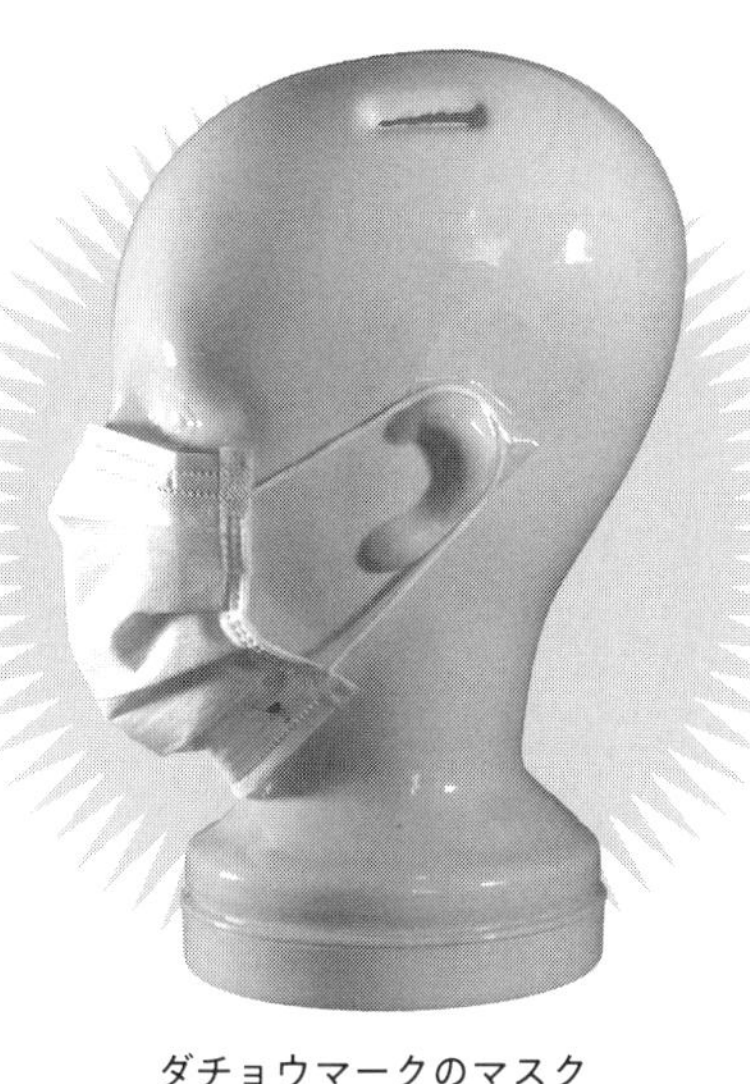

ダチョウマークのマスク

「粉塵は盲点やった。マスクは必須の備蓄用品だと痛感しましたわ」と友人は話していた。

感染症はいつパンデミックになってしまうかわからない。もし、ダブルパンチで大地震や大津波に襲われたら、生き延びたとしても、感染症にやられてしまう人が続出する。

国産マスクの空洞化に着目して工場を新

設した辻さんは、一匹狼ゆえに野性の勘が働いたのだろう。すばらしいパートナーと出会えたぼくとダチョウさんは、この幸運に感謝した。

ご隠居さま、助成金獲得にひと役買う

ダチョウ抗体が完成するまで、後半の研究は、ＪＳＴ（国立研究開発法人科学技術振興機構）の助成金で進んだ。三年間のプロジェクトの助成金総額は約二億円。このうち三割は、当時、ぼくが在籍していた大阪府立大学に、そして二〇〇八年からは京都府立大学に上納した。助成金の三割を大学が徴収するのは、どこの大学も同じだ。

ＪＳＴは、日本の科学技術の振興を目的に設立された組織で、日本科学技術情報センター（一九五七年設立）と新技術開発事業団（一九六一年設立、のちに新技術事業団と改称）が統合して一九九六年に科学技術振興事業団が誕生し、行政改革の一環で、二〇〇三年に独立行政法人となり、次いで二〇一五年に国立研究開発法人となった。

文科省の下で、日本の科学技術政策を推進していく機関といったほうがわかりやすいかもしれない。

ぼくは二〇〇五年に、ＪＳＴが公募した「ＪＳＴ大学発ベンチャー創出推進」事業に応募した。

申請した研究内容は、「ダチョウを用いた新規有用抗体の低コスト・大量作製法の開発および、がん細胞における細胞接着分子の機能解明とその臨床応用化、高病原性鳥インフルエンザ防御用素材の開発」だ。

高病原性鳥インフルエンザ防御用素材というのは、抗体をしみ込ませたフィルターのことで、この技術をダチョウ抗体マスクに応用した。

研究助成金の公募では、研究開始の時点から申請する場合と、ある程度研究を進めてから申請する場合がある。ぼくの場合は後者で、当時はすでに研究用のダチョウが五〇〇羽近くいた。

飼育小屋を建てたり、エサのモヤシを買ったり、アルバイトの飼育員を雇ったり、研究にはなんだかんだとお金がかかる。国公立大学の法人化以降、国の補助金は右肩下がりで減り、研究室によってはコピー用紙代にも事欠くありさまだ。

二〇代の大学院生時代には、フリーの往診獣医をやったり、動物病院でバイトをしたりして研究費を自分で調達したこともあったが、その後は忙しくてダブルワークなんて、とても無理。

「ヤバい、このままでは研究続けられんわ」

当初は、ダチョウ牧場の小西さんや田中さんの応援があり、そのほかに外部資金があったおかげで、ダチョウの数を増やせたものの、大学からの研究費はスズメの涙。当時は、准教授のぼくの場合で年間四五万円。乏しい資金のなかで、動物を使った綱渡りの研究なんかできない。実験動物のマウスだって一匹数千円。補助金が頼みの綱だった。

ところがＪＳＴの応募要項を読むと、事業期間を終える三年後の二〇〇九年に、ベンチャー企業をつくりなさいと書いてあった。

しかも申請書類には、起業する会社の社長名も記載しなくちゃいけない。ただ、これは予定だから、じっさいには違う人が社長になってもかまわない。要するに、誰でもよかった。ところがぼくは、研究代表者としてプログラムを統括する役で、社長と二股をかけられない。

申請が認められるかどうかは、名前を連ねる人たちの顔ぶれが重要で、国の事業にふさわしい実績やら肩書が必要だった。

社長を誰に頼もうか？

「ああ、おった！　あの先輩ならＯＫしてくれるはずや」

ぼくは獣医師の大先輩に頼んだ。七〇代後半。お願いすると、快く引き受けてくれた。

ところが、この先輩はご隠居さん。研究者が講演会などで日常的に使っているマイクロソフト社の「パワーポイント」も知らないほど浮世離れしていた。

一次審査はぼくが書いた申請書が認められて通過したが、このままでは面接審査で落ちてしまうかもしれない。

「面接で話すことはぼくが原稿を用意するので、丸暗記してもらえますか？」

「そのまんま喋ればええんか？」

「はい、そのまんま」

面接は東京・市ヶ谷駅の近くにあるＪＳＴの東京オフィスでおこなわれた。

このビルに出入りしている博士たちの脳みそを集めたら、「ＩＱ、どんだけすごいねん」というほどスーパー頭脳が出入りしているオフィスに、ぼくは、先輩のよろける足元を気にかけながら乗り込んだ。

面接室は、シーンと静まりかえった廊下の先。会議室の審査員席には錚々たる顔ぶれが並んでいた。最初に研究代表者のぼくが説明する。次に先輩が話す。

大丈夫やろか？

水戸黄門の姿が浮かんだ。京都・太秦で撮影していた人気テレビドラマ。初代は東野英治郎、二代目は西村晃、三代目は佐野浅夫……。みんな名優だ。先輩も気張ってや。心のなかで祈った。だが、杞憂に終わった。

先輩は、見事にぼくの原稿を丸暗記して、熱く語った。「助さんや～」と、ぼくに向かっていい出しそうな威厳。

さすがに牛、馬、ニワトリから犬、猫、ハムスターまで診たベテラン獣医だ。かつて、一世を風靡した「プレイボーイクラブ」で、ウサギの尻尾をつけてバニーをやっていたという友人が話していたことがある。「ＶＩＰの接客で緊張したときは、お客さんをニンジンやキャベツだと思って、もてなしていた」と。先輩には、ＶＩＰ審査員の顔がどんなふうに見えていたのだろうか……。

ともあれ、先輩が面接審査で熱く語ってくれたのは大正解だった。

申請書も本人が書いたものだと、研究に賭ける情熱が伝わってくる。先輩は、ぼくも舌を巻いたほど意欲的に見えた。おかげで、ダチョウ抗体の研究は余裕のある研究ができることになった。

ぼくは、せっせとダチョウ牧場と大学を往復して、研究にいっそう力を入れた。

二〇〇九年にはベンチャー企業を立ち上げなければいけない。

ダチョウ抗体は二〇〇六年には開発の目途が立ち、その年にはクロシードの辻さんと出会い、マスクの製品化に向けて走り出していた。そして、二〇〇七年にはマスクのプロトタイプができた。

工場のほうも製品化に向けて準備が進み、あとは稼働させるだけだった。

プレス発表すると、ダチョウとマスクの組み合わせがユニークだといって、世紀の大発明みたいに取り上げてくれるマスコミも現れた。

あとで知ったが、ダチョウは写真でも動画でも「絵」になるのだという。とくにテレビは映像が命。報道現場なんかだと、カメラマン同士が密かに足を蹴り合い、肘鉄をくらわしながら陣取りするほど、映像が優先されるらしい。お花見の場所取りより凄まじい。

それにしても、「え」が書けなかったぼくが、「絵」に助けられるとは!?

人生は、わからないものだ。

マスコミが宣伝してくれたおかげで、ダチョウ抗体マスクは発売前から話題になった。

マスクの製造販売をはじめるにはグッドタイミング。そこで、ぼくは一年前倒しで、二〇〇八年六月二七日に、資本金五〇〇万円でオーストリッチファーマ株式会社を設立した。代表取締役は塚本康浩。水戸黄門先生には、当初からピンチヒッターを了承してもらっていたから、とくに問題はない。

本社は京都府精華町の「けいはんなプラザ・ラボ棟」に置いた。

ここは、大学ベンチャー企業が集まる施設で、水耕栽培なんかのベンチャー企業もある。京都府と大阪府の境にあり、「筑波研究学園都市」の西日本版。もちろん、ここにもダチョウを放した。

ダチョウさん、iPS細胞と海外へ飛ぶ

大学ベンチャー企業、オーストリッチファーマの立ち上げは、JSTの助成金事業の継続中におこなった。

これにて、ダチョウ抗体マスクだけ助成金事業の対象から外れた。それでも、ダチョウ抗体検査薬などは研究道なかば。事業は二〇〇五年度から二〇〇八年度、つまり二〇〇九

年三月三一日まで三年間続き、寿終了となった。

そして、この年、ぼくの元にビッグニュースが飛び込んできた。二〇〇九年度の「産学官連携推進功労賞　文部科学大臣賞」に選ばれたのだ。

驚いたのはそれだけじゃない。ＪＳＴが海外向けに出版している広報誌でも取り上げられたのだ。

記事にダチョウの写真が、でかでかと掲載された。足立くんをはじめ、研究室の学生たちは、わぁ〜ッと拍手喝采。と、誰かがほかのページをペラペラめくった。

「あ〜ッ！」

「どうした？」

「ｉＰＳ細胞と山中教授も出てますわ！」

山中伸弥教授がノーベル賞を受賞する前のことだったが、二〇〇六年にｉＰＳ細胞が初めてつくられて以来、学術界では注目の的。一部ではノーベル賞じゃないかと、噂されていた。

でかくてカワイイだけが取り柄と思われているアホなダチョウと、ノーベル賞がささやかれていたｉＰＳ細胞が同じ広報誌で同格に扱われている。これが海外にばらまかれると思うと、笑わずにはいられなかった。

ただ、ぼく自身はノーベル賞には興味がない。ダチョウの存在価値を世間の人に知ってもらい、ダチョウ抗体が人類の救世主となれば、それで大満足。

「めざせ日本一」「めざせ世界一」という競争心もない。

人畜無害。

ダチョウさんLOVE♡

これがいちばん性に合っている。

学生時代から日本画の画廊をやったり、動物病院のバイトでゴージャスな味を覚えたりしているので、ノーベル賞よりも商い、自分の研究を地域経済の振興に役立てたいという思いのほうが強い。

でも、ノーベル賞を受賞すると、講演料が桁違いにはね上がるというので、それはそれで魅力だけれども。

日本では、商売っけが多い研究者を軽蔑する向きもあるが、実用性のないマニアックすぎるものをつくっても、あまり意味がない。

工学部のオッサンがつくった、けったいな車椅子を見たことがあるけど、発想はおもろい。でも、生産コストとか物流とかいう概念がないのか、素人のぼくが見ても実用性ないやんか、という代物だった。

製品として広く流通させるためには、量産化が欠かせない。量産化ということは、ある程度の規模の工場が必要で、ラインを動かしていくためには、人件費、光熱費等々、絶えず数字を意識しなくちゃいけない。

研究者には創造力（独創性）、および研究によってその先に何があるのかを想像する力が必要だ。

「木を見て森を見ず」では、あかんのだ。

発想が早すぎて、周囲がついていけないこともあるだろう。そういう場合は、その発想を具現化して、一般に広める手腕をもったプロデューサー兼ディレクター的なパートナーがいないと、優れた発想も努力も報われない。ぼくの場合は、辻さんがいた。

マニアックすぎる研究者がいる一方で、研究費が少ないとグチばかりこぼす研究者も、ぼくは見てきた。

「ほんまに研究したいから、自腹きってやりますわ」というくらいの気概があってもええんやないかと思う。

じつは二〇〇八年三月に、ぼくは大阪府立大学（以下、大阪府大）を辞めて、一般公募で採用された京都府大に四月から転職した。

オーストリッチファーマを設立したのは六月。転職直後のことだ。

資本金の五〇〇万円は、退職金と貯金などをあてた。

大阪府大での教員生活は一〇年。その間、ぼくはＪＳＴの助成金をはじめ、外部からの研究資金を総額で数億円稼いだ。

さっきも書いたとおり、外部からのお金は、大学側が間接経費（かんせつけいひ）として三割徴収する。たとえば、研究者が一億円の補助金を獲得したら、このうち三〇〇〇万円は大学の光熱費とか臨時の事務職員の給料などに回される。

つまりぼくは、大学に対して億単位の額を上納した。

ところが、退職金はたった一九〇万円。

辞めたときは准（じゅん）教授。給料は三五歳で三五万円くらいだった。この額は今もだいたい同じ。たとえ教授になっても、公務員と同じように年功序列（ねんこうじょれつ）で給料が決まるので、そんなに高くならないのだ。

ここでクイズをひとつ。

海外から呼んできたえらい教授と、ずーっと万年助手のお爺さんの給料はどちらが高いでしょう？

正解は、万年助手のお爺さん。そして、こういうケースが少なくない。

こんなふうに、現状では、日本の科学技術の発展に貢献しそうな研究をしていても、やりがいを感じられなくて、辞めてしまう研究者があとを絶たない。

獣医師だと、ぼくの先輩や同期のように、大学を辞めて動物病院を開業するケースも多い。

大手企業なんかだと、研究資金も設備も大学より充実していたりする。自分の仕事を高く評価してくれて、仕事に見合う給料を出してくれる企業があれば、転職するのは当然だろう。

年功序列の給与体系は、日本で若手の研究者が伸びない理由のひとつだ。米国のように能力給にしたほうがいいと思う。

これこそ、国が真っ先に取り組むべき行政改革だ。

「ハンコを見て大学を見ず」では、モノづくりで稼いできた日本の未来は暗い。

column

エミュー三姉弟の誕生秘話

京都府立大学のキャンパスで暮らす「エミュー三姉弟」。長女の太郎さんは、おとなしいけれども、名前を呼ぶと遠くにいても戻ってくる頭のよさ。長男の次郎は好奇心旺盛で、三羽のなかではいちばんヤンチャ。最初にサッカーボールで遊びはじめたのも次郎だった。次男の三郎は反抗期。名前を呼んでもなかなか小屋に戻ろうとしない。

こんなふうに鳥にも個性があり、一般に攻撃的なのはオスのほう。ただ、インコの場合はメスのほうが根性が悪くて、嫉妬深いし、機嫌も悪くなりやすい。

三姉弟が生まれたのは二〇一九年四月末。ちょっと変わった状態で生まれてきた。

エミューの卵はダチョウよりふたまわりほど小さく、フットボールのような形だ。そして、殻は美しい青緑色。目の前にあると、つい手にとってみたくなる。

学生たちが面白がって卵を振ったり、なでまわしたりしているうちに、四十数日目に生まれてしまった。ふつうは五二～五三日で孵化する。

本来なら栄養分の卵黄がおなかのなかに収まり、皮膚が閉じた状態で生まれてくる。ところが三羽は早く生まれすぎて、おなかの皮膚がパカッと割れたままだった。内臓が見えたほど。血まみれだ。放置(ほうち)すると、感染症で死んでしまう。そこで、卵黄を破らないように、そ～っと押し込み、おなかを縫い合わせることにした。

カバンや革製ジャケットなど、皮革(ひかく)製品に使われる動物の皮は硬(かた)い。エミューたちの「緊急オペ」に犬用の縫合針(ほうごうばり)を使ったところ、針が曲がってしまった。

エミューやダチョウは、生後二か月から一〇か月くらいまで、走らせないといけない。三姉弟は朝夕二時間ずつキャンパス内を駆け回った。サッカーの試合に乱入したのも、ちょうど、この運動の最中だった。

今では、三姉弟は京都府大の人気者。散歩時間になると、頼まなくても学生が勝手に手伝ってくれる。主食はモヤシと小松菜とペレットだ。

三姉弟がすごしている動物舎には、ほかに豚さん、ニワトリさん、マウスさん、ラットさん、ウズラさん、たまにアフリカツメガエルさんもいる。冷暖房完備。大事に育てられたおかげで、背丈(身長)も一八〇センチほどになった。二〇二一年の冬には、メスの太郎さんも産卵して、春先には新たな命が誕生するだろう。

エミュー三姉弟の太郎、次郎、三郎
（誰が誰なのか、わからない　担当編集）

第四章

ダチョウ抗体で地域活性化

ダチョウ抗体が納豆に⁉

ダチョウ抗体マスクが、クロシードを通じて製造販売されていた一方で、ぼくはダチョウ抗体のバージョンアップのために、研究を続けていた。

インフルエンザウイルスに関しては、高病原性鳥インフルエンザ、季節性インフルエンザに加え、二〇〇九～二〇一〇年に世界的に流行した豚由来の「インフルエンザ（H1N1）2009」の抗体も開発した。

おもしろいことに、ダチョウ抗体が話題になると、研究室に集まってくる学生が増え、当初は数人だったのに、数十人の大所帯にふくれあがった。

そんななかには、ダチョウ抗体に本格的にのめり込んだ学生もいる。

「ダチョウ抗体で、おもろいもんをつくりたい」

と、研究室にやってきたのは、二〇代も後半の山本亮平（やまもとりょうへい）くんだった。

ダチョウを思わせるパッチリ目が印象的な彼は、大学で生物学を学び、高校教員の資格をもつ。お祖父（じい）さんは、「研究のためになるなら、この牧場を好きに使ってください」と、いってくれたダチョウ牧場の小西さんだ。

小西さんは、モヤシや納豆をつくっているアサヒ食品工業の会長さんで、山本くんは「爺ちゃん孝行する」といって、ダチョウ牧場の作業を手伝いながら、この会社で食品開発をおこなっていた。

ダチョウ抗体は応用が利く。

そこでぼくらは、食中毒の原因となる黄色ブドウ球菌、サルモネラ菌、病原性大腸菌、ノロウイルスなどに対応するダチョウ抗体の開発に着手した。

黄色ブドウ球菌は、寿司、おにぎり、肉、卵、乳製品などあらゆる食品から感染する可能性があり、手指に切り傷なんかがある人が調理して、飲食店や給食で大規模感染してしまうことがある。

口のなか、鼻のなか、腸、皮膚などにも常在し、ホコリにも紛れている。健康なときなら平気でも、病気などで免疫力が低下しているときは牙をむいてくる。

さらに、肌荒れやアトピー性皮膚炎、おできなんかも黄色ブドウ球菌が関係する。

黄色ブドウ球菌が食べ物のなかで増殖すると、エンテロトキシンという毒素をつくる。

こいつは、むちゃむちゃ強靭で、一〇〇度で三〇分加熱しても死なない。

黄色(おうしょく)を「きいろ」と読めば「きいろブドウ」。美味(おい)しそうな名前にだまされて油断(ゆだん)すると、下痢(げり)や嘔吐(おうと)に襲(おそ)われて、口から肛門(こうもん)まで大騒動(おおそうどう)になる。

その黄色ブドウ球菌をブロックするダチョウ抗体ができた。続いてサルモネラ菌用、病原性大腸菌用、ノロウイルス用のダチョウ抗体もできた。

「山本くん、どないすんねん？」

あるとき、ぼくは聞いた。すると、彼はこう答えた。

「納豆の醤油(しょうゆ)に混ぜようと思ってます」

「納豆？」

「そうです。ダチョウ抗体納豆ですわ」

独創的な製品のアイデアは、自分の身近なところにヒントが転がっている。その典型例だろう。

山本くんは、千葉県内にある取り引き先の醤油メーカーと大学を往復して、ダチョウ抗体醤油を完成させた。

たしか三個一パックで二〇〇～三〇〇円だったと思う。アサヒ食品工業の納豆は、北海道の十勝地方にある契約農場で生産されたもので、化学肥料と農薬を五割以上削減した特別栽培納豆だ。輸入大豆の納豆よりずっと美味い。

だが、納豆といえば庶民の味方。特売のときには三個一パックで六八円とか七八円とかいう値段がつく。こうなると、薄利多売のモヤシと変わらない。

発売当初、ダチョウ抗体納豆は話題性が武器となり、評判になった。

しかし、売上は伸び悩んだ。モヤシ感覚の格安納豆に負けたのだ。

「醤油を使い切ったら、もうやめますわ」

肩を落として研究室を去って行く山本くんを、ぼくは黙って見送るしかなかった。

だが、彼はたくましかった。

彼は、ちょうどダチョウ抗体納豆を開発したころに、「食べもんぢから。」という通販サイトを立ち上げ、ここでダチョウ抗体納豆を販売していた。

サイト名は、ぼくの前作『ダチョウ力』にあやかったものだ。

このサイトを運営する会社は、「オーストリッチファクトリー株式会社」。

雑穀、ナッツ類、洋菓子材料、オリーブオイルなど国内外の食品を扱う。売上は月にウン千万円。ダチョウとはぜんぜん関係ないものを売って、稼ぎまくっている。

彼の会社で扱う商品は、健康を意識したものが多い。オーストリッチファクトリーには、専属の管理栄養士「キヅナ先生」までいて、通販サイトで栄養知識の普及に力を入れている。

どうやら、山本くんは研究で黄色ブドウ球菌を扱っているうちに、「防ぐ力」に目覚めたのだろう。

なお、ダチョウのように免疫力が高くなりたいからといって、「食べもんぢから。」で大豆を買っても、残念ながらムダだ。でも、舌が肥えてしまったダチョウさんの気持ちは、わかるはずだ。

前田さん、ジールコスメティックスを起業

二〇一二年、ＭＥＲＳ（中東呼吸器症候群）の感染者がサウジアラビアで初めて確認された。その後、中東以外ではイギリスで三名、フランスで二名の感染者が出た程度ですみ、ＭＥＲＳは世間から忘れ去られようとしていた。

ところが、二〇一五年五月に韓国で患者が出てしまった。新型コロナウイルスの感染拡大を経験した今は、患者数一八六名という数字に驚く人もいないだろうが、当時は韓国政

府もWHOもけっこう青ざめた。

「MERSウイルスのダチョウ抗体スプレーがあると聞きました。それを購入したいのですが」

ぼくの研究室に、韓国のある大手企業の社員と名乗る人物から連絡が入った。サウジアラビアで発症したあと、ぼくはMERS用のダチョウ抗体をつくり、いざというときに備えていたのだ。

製品はすぐに韓国へと渡り、感染予防対策用に空港など公共施設に置かれた。

このスプレーを製造したのは、大阪市内に本社がある株式会社ジールコスメティックス。代表取締役の前田修さんが二〇一一年に興した会社で、黄色ブドウ球菌用ダチョウ抗体が、会社をつくるきっかけになった。

「ダチョウ抗体は、さまざまなウイルスや細菌、花粉症のアレルゲンをブロックできまして、黄色ブドウ球菌を使ったダチョウ抗体を化粧品に使うといいですよ」

あるとき、ぼくは学会か講演会でこう話した。それを聞いて前田さんが研究室を訪ねてきた。

聞けば、彼は携帯電話やタブレット端末の販売業者で、化粧品とはぜんぜん関係ない。

その彼がどういうわけか、ぼくの講演を聞いた。そして興味をもったという。

「黄色ブドウ球菌は、皮膚にも引っついているんですわ」

「はい、講演で聞いて驚きました。食中毒菌だと思っていたので」

「女性の場合は、若いときから化粧をしますね。化粧は基本的に化学物質が多い。で、夜には洗い流しますよね。そのとき、おそらく、肌の常在菌も流れ落ちる。そして、肌の常在菌のバランスが崩れる。たとえば、肌がアルカリ性になると、悪玉の黄色ブドウ球菌とかが異常繁殖して肌荒れするんですわ」

　ＩＴ系の人なのに、身を乗り出してぼくの話を聞いている。おもろい男や、と思いながらぼくは説明を続けた。

「ダチョウ抗体を添加したスキンケア化粧品を使うことで、黄色ブドウ球菌だけやっつければ、常在菌をさほど落とすことがなく、悪いやつだけを叩けます。そして肌がいい状態に戻ってくる」

「どのくらいで？」

「人によって違いますが、早ければ三週間くらいで戻ると思います」

「三週間ですか!?」

黄色ブドウ球菌は肌荒れだけでなく、アトピー性皮膚炎や毛穴にできた小さな傷に炎症を引き起こしたりする。

皮膚は、外界の刺激から、からだを守る人体で最大の臓器だ。だから、黄色ブドウ球菌に好き勝手をされては、はなはだ遺憾。炎症を悪化させると膿がたまり、熱や痛みが出たりする。美人になりたくて化粧をしても、それが原因で肌が荒れては本末転倒だ。

そんな説明をしているうちに、話はどんどん盛り上がり、前田さんとぼくはすっかり意気投合。彼はダチョウ抗体の魅力にとりつかれ、あっという間にジールコスメティックスをつくってしまった。

「化粧品は安心安全でなければいけない」

こう語って、前田さんはぼくの研究室に足繁く通った。そして、共同開発した各種のダチョウ抗体の総称を「ダチョウ卵黄エキス」と命名した。

さらに、「抗体美容」というコピーまで用意して、次世代化粧品のイメージを全面的に打ち出した。

製品に使われているダチョウ抗体は何種類もあり、ダチョウ抗体の可能性を示す。ちょっと書きだしておこう。

抗黄色ブドウ球菌抗体
抗緑膿菌抗体
抗スギ・ヒノキ・イネ・ブタクサ花粉抗体
抗インフルエンザ抗体
抗アクネ桿菌抗体
抗メラニン美白抗体
抗歯周病菌抗体
抗ミュータンス菌抗体
抗ハウスダスト抗体
抗セラミダーゼ抗体（美肌成分のセラミドを分解する酵素、セラミダーゼの働きを抑える）
抗リパーゼ抗体、抗ラクターゼ抗体、抗アミラーゼ抗体（いずれも消化酵素をブロック）

製品はスキンケア化粧品が主体で、クレンジング、洗顔フォーム、液体洗顔料、美容液、化粧水、保湿クリーム、パック、日焼け止め下地美容液、全身用ゲルクリーム、全身用ミルキーローション、ボディ用化粧水、日焼け止め、ボディソープ、シャンプー、ヘアパック、養毛トニックなど。そのアイテム数は数十種類にもおよぶ。

さらに、スギ・ヒノキ・イネ・ブタクサ花粉と、ハウスダストに対応する二種類のダチョウ抗体を配合した化粧水もつくった。

この徹底ぶりには、ほんまに驚かされたが、マニアックなところは、ぼくと共通する。だから、前田さんとは波長も合うのだろう。

じつは、製品はまだある。

歯周病や、むし歯予防に役立つ歯磨きと洗口液だ。

ダチョウ抗体で、オーラルケアまでやろうと思ったのだ。

「ダチョウ抗体は、お口からお尻まで！」

といいたいところだが、まだ肛門ケアには到達していない。

でも、ハウスダストを吸着して無害化するルームスプレーはつくった。

ハウスダストには、ダニの糞や死骸、カビ、花粉、繊維クズなどが混ざっている。そして、これらが、ぜん息やアレルギー症状の原因になる。

製品パッケージは、黒いシルエットのダチョウマーク入り。ダチョウの力(ちから)を誇示したこのデザインを、ぼくはむちゃむちゃ気に入っている。

さて、いよいよ真打(しんう)ちの登場である。

新型コロナウイルス用の抗体だ。スプレーして、ブロックする。

この製品は、ぼくが出演した『ザワつく！金曜日』（テレビ朝日系列）や『情熱大陸』（MBS／TBS系列）でも紹介されて、大反響を呼んだ。

スプレーを噴霧(ふんむ)したからといって、一〇〇パーセント感染を防げるというものではないが、顔、毛髪、衣類、バッグなど露出している部分にスプレーしてもいいし、ドアノブなど複数の人が接触する部分にスプレーしてもいいだろう。

ジールコスメティックスの製品は、通販サイトか電話で受け付けている。

ダチョウ抗体というひとつの発明が製品化されたことで、工場やコールセンターでの雇用が生まれた。働き口があって収入があれば、新たな消費活動へとつながっていく。産学連携で生み出される製品のなかには、消えていくものが少なくない。そんななかで、地域経済にも貢献し続けているダチョウの卵は、まさに金の卵なのかもしれない。

ダチョウ抗体、メディカルエステに進出

ダチョウ抗体は酸にもアルカリにも強い。この特性を生かしてダチョウ抗体入り納豆の醤油をつくったが、七年ほど前には抗リパーゼ抗体、抗ラクターゼ抗体、抗アミラーゼ抗体も開発した。

リパーゼは脂質(ししつ)の分解酵素(ぶんかいこうそ)、ラクターゼは乳糖の分解酵素、アミラーゼはタンパク質の消化酵素だ。

これらの消化酵素が分泌(ぶんぴつ)されることで、食べたものに含まれる脂質、糖質、タンパク質は体内に吸収され、エネルギー源になったり、血液、筋肉、皮膚、毛髪、ホルモンなどになったりする。

牛乳を飲んで、おなかがゆるむのは、ラクターゼが体質的に足りないため。その「足りない」状態を人為(じんい)的につくりだすのが、ここにあげた三種類のダチョウ抗体だ。

食べすぎて病気として診断がつく肥満になってしまうと、免疫力は落ちるし、高血圧や動脈硬化などを誘発し、脳梗塞(のうこうそく)や心筋梗塞など命にかかわる病に発展しかねない。

肥満は、ふくよかで温かい印象を与える反面、寿命を縮めてしまう可能性が大きいのだ。

そこで、健康寿命を延ばすことを目的に、予防医学の観点からこれらのダチョウ抗体をつくった。ダチョウ抗体によって消化酵素がブロックされるので、みるみる痩(や)せて、血糖値も下がってくる。

ただ、飲みすぎると栄養失調になる。食べたものが分解されないで、そのままウンチになって出てしまうからだ。

旺盛な食欲は満足させられるが、食べてスル〜ッと出てしまったら、食べていないのも同然。脂質の吸収を抑えるリパーゼ抗体なんかを摂(と)りすぎると、むちゃむちゃ気色の悪い脂肪ウンチになる。

ダイエットによいというと、誰でも彼でも使ってしまう可能性がある。やりすぎのダイエットは命にかかわる。

というわけで、市販はできない。その代わりに医師が診療もおこなうメディカルエステや糖尿病の専門病院などで、医師の診察を受けながら、医師の裁量で使われている。

じつは、ウサギやマウスなどの哺乳類で消化酵素をブロックする抗体をつくろうとすると、その動物を命の危険にさらしてしまう。

たとえばウサギさんの体内でリパーゼに対する抗体ができる。すると、ウサギさんはその抗体の作用で、栄養失調になって痩せてくる。

ダチョウの場合は鳥なので、哺乳類と構造的にかなり違い、衰弱することなく抗体だけとれる。しかも、安価で大量生産が可能だ。

ダチョウ抗体があるからといって、デブになるのを気にしないでメガ盛りばかり食べようと思う方もいるかもしれないが、二〇二〇年秋時点では、まだ全国で二〇施設程度。むちゃ食いを控えたほうが利口だ。

あるいは、ダチョウさんのようにモヤシとおからを食べる。

安くて低カロリー、低糖質。食物繊維も多いから、腸内細菌も増えて、免疫力もアップするはずだ。

公衆トイレにダチョウ抗体噴霧サービス登場

新型コロナウイルスの感染拡大を受けて、ぼくは二〇二〇年一月から新型コロナウイルスに対応するダチョウ抗体の開発に乗り出した。

このウイルスは、その名のとおり、ＭＥＲＳやＳＡＲＳと同じコロナウイルスだ。研究室の冷凍庫には、以前開発したＭＥＲＳとＳＡＲＳのダチョウ抗体を冷凍保管してあった。そこで、ぼくはこれらのウイルスからＳタンパク質を取り出して、新型コロナウイルスをブロックする抗体をつくることにした。

睡眠時間三時間を続けること約一か月。

二月には開発に成功し、まず、クロシードの辻さんとマスクの生産体制を整えた。

一方、ジールコスメティックスの前田さんとは、先にご紹介した新型コロナウイルスをブロックするスプレーの生産準備に入った。

このスプレーに使っているダチョウ抗体の開発技術は、ＭＥＲＳ対応の「Ｍブロック」や、エボラウイルス対応の「エボブロック」で確立済み。この名称は、ぼくが勝手につけたものので製品名ではない。マスクと同様に短期間で製品化できた。むろん、効果は試験済みだ。

この間、テレビの取材や番組出演、雑誌のインタビューなどが殺到した。

タダで宣伝してくれると思うと、睡眠不足でもがぜんテンションが上がり、ほとんど引き受けた。

ぼくは毎朝五時に起きる。

目覚めの一発は、長渕剛の『とんぼ』。これを歌って、今日もヨレヨレの脳みそに活を入れる。

そんな日々が続いていたころ、新たな製品開発のオファーがきた。今こそ、ダチョウ抗体の出番だ。疲れたなんていっていられない。

日本カルミック株式会社という衛生サービスの会社をご存じだろうか。

駅や空港などの交通機関、ホテル、学校など公共施設のトイレなどを中心に、自社開発のエアフレッシュナーを使い消臭・芳香サービスをおこなっている会社で、女性用のトイレだと、個室に生理用品を捨てるゴミ箱とともに設置されている。清潔感があり、好評だという。

コロナ禍を受けて、この日本カルミックとジールコスメティックスと大学との共同で、空間にダチョウ抗体の微細なミストを飛ばすことに成功した。

そして二〇二〇年一〇月、日本カルミックは、この配合剤を噴霧する空気浄化サービスの開始を発表した。すでに噴霧機器とダチョウ抗体のセットが大きな病院や有名企業に導入されている。

試験の結果、ダチョウ抗体のウイルス結合活性は、噴霧前と噴霧後で変わらないことがわかった。上出来である。

ぼくとしては、病院、介護施設、学校、保育園、駅、空港、検疫所、ホテル、温泉、飲食店、ショッピングセンター、デパート、劇場、コンサートホール、スポーツジム、競技場、スポーツ選手の着替え室……。

ああ、書きだしたらきりがないけれども、人が集まるところで使ってもらえたらええな、と願っている。糞尿まみれになりながら、今も牧場で注射器をもってダチョウの尻を追いかけている足立くんの苦労も報われるだろう。

「あんた、宣伝ばっかりしよって、ちゃっかりしてますな～」

と、オバチャンに意見されるかもしれないが、機会があれば産学連携の成果をアピールするのも、研究者の役割だと思う。

だから、ぼくはバラエティ系の番組からの出演も断らない。MCにいじられても平気だ。むしろ、ボケで返す。吉本新喜劇で育ったから、もともと、お笑いはぼくのエネルギー源。

笑う門には福も来るし、免疫力もアップする。

がんばれニッポン。日本経済もダチョウ抗体でV字回復だ！

働き方改革が招いたありえへん事態

　横浜港に入港したダイヤモンド・プリンセス号が、感染拡大で大騒動になっていたころ、新型コロナウイルス対応のダチョウ抗体は、開発の真っ最中だった。

「リニューアルした飛鳥Ⅱが春から就航するので、三月末に大がかりな取材をする」といっていた旅行ライターの友人から三月初旬に電話が入った。

「新型コロナ用のダチョウ抗体いつできますか？　出張が多いので、ダチョウさんのマスクを使いたいんですけど」

　悲壮感がただよう声だった。気持ちはわかる。しかし、期待に応えられなかった。

「抗体はできてるんですわ。でも、今、マスクが思うようにつくれなくて、一般向けに販売できないんですわ」

「中国とかイタリアとか海外へ？」

「いえ、日本中でマスクが足りないいうてるときに、海外に出荷するなんてできません。ぼくも日本人ですから」

「じゃあ、どうして？」

「マスク工場の人手が足りんのですわ」

「はあ？」

「働き方改革のせいですわ」

「働き方改革？」

「そうです。働き方改革で、工場で働いているオバチャンたちが残業も休日出勤もできへんのですわ。二月の連休中もフル稼働できる思っていたら、誰も出てこないんですわ」

「え〜ッ、こんな一大事に⁉」

驚くライターさんに、追い打ちをかけるような報告がもうひとつあった。

「働き方改革に加えて、二月末から学校が休みになったでしょう。工場のオバチャンたちは、子どもの世話があるからいうて、平日も出てきよらんのですわ」

「そんなぁ。中国製のマスクは使い心地が悪くて、すぐに外したくなっちゃう。外すとき、マスクの表面を触るじゃないですか。ウイルスがついていたら、指先にうつるかもしれない。ダチョウさんのマスクは着け心地がいいので、そんな心配がいらないんです。万一、感染したら仕事ができなくなります。それを考えると、多少高くてもダチョウのほうがいいと思って」

自信作のマスクを高く評価してもらい、ぼくとしてはうれしかったが、働き方改革と臨時休校は、ぼくらにはどうにもできない。ぼくも飯塚市にある工場を見に行って愕然(がくぜん)とした。

「人手不足、困りましたなあ。クロシードの非常事態(ひじょうじたい)や」

その晩、社長の辻さんと居酒屋へ行った。

メシを食べながら、ぼくらの話題は、パートさん確保のことばかり。ため息しか出てこない。と、そこに元気のいい店のオネエチャンが現れた。テキパキ動き、気遣いも細やかだ。

「おねえさん、いつもこの店にいてるんですか？」

「はいッ！」

雑談をしているうちに、彼女が宅配便会社で働いていたことを知った。どうりで、動き方にムダがないはずだ。ふと、思いついた。彼女をスカウトして、工場で働いてもらうのだ。

「ちょっと聞いてもええですか。ぼくら、飯塚市内の工場でマスクをつくってるんですわ。

新型コロナ向けに、ええもんが開発できたのに、人手が足りなくて、むちゃむちゃ困ってるんですわ。唐突な話ですが、うちの会社で働いていただけませんか？」

突然のリクルート話に彼女は目を白黒させた。

断られるだろうか？

いや、ここで、せっかく見つけた逸材を逃すわけにはいかない。ぼくと辻さんは名刺も出して、なりふり構わず必死で頼んだ。こうなると熱意しかない。

そして、ぼくらの熱意は通じた。

「わかりました、そういうことでしたら手伝わせてもらいます」

こうして、二人分は働いてくれそうな従業員を一人確保。彼女は、すぐに仕事を覚え、ぼくらの期待に十分すぎるほどこたえて活躍してくれた。

二〇二〇年二月の時点で、日本国内でマスクを生産している工場は数社しかなかった。

給食当番みたいな「アベノマスク」には笑ってしまったが、海外の不慣れな工場に生産を委託すると、ああいうものしかつくれないのだ。それに比べて国産のマスクは違う。微に入り細に入り、職人ワザといえるほどクオリティの高いものをつくる。サプライチェー

2020年（令和2年）4月26日（日曜日）　讀賣新聞

ダチョウの卵から作ったマスクを手に「マスクメーカーの工場のラインから一緒に作った。ベンチャーの苦労も魅力も伝えられたら」と話す塚本教授（左京区で）

ウイルス不活性化で注目

府立大・塚本新学長「成果 社会に還元」

ダチョウ抗体マスク開発

4月から府立大（左京区）の学長に就任した塚本康浩教授(51)。ダチョウの丈夫さに着目して始めた研究が、大学発ベンチャー（新興企業）の設立や、付着したウイルスを不活性化するマスクなどの開発につながった。マスクは新型コロナウイルスの感染拡大が続く中で、医療機関などからの注目が高まっているといい、「学生にもベンチャーの可能性や面白みを伝えていきたい」と話している。（中田智香子）

現在生息している鳥類で最も大きいダチョウ。飛べないが、二足歩行の動物の中では最も速く走る。卵は鶏卵の30倍ほどの約1・5㌔。その黄身から、「ダチョウ抗体」が4㌘取れ、マスク8万枚分に使われる。1羽で1年に100個の卵を産むこともあるといい、「まさに抗体製造マシン」。

おとなしかったらいいんですけど」と冗談交じりに語る。

獣医師になったのは、小学生時代からいろいろな種類の鳥を飼ってきたことがきっかけ。1998年に獣医学博士号を取得した後、神戸市に「ダチョウ牧場」があるのを知り、ダチョウの行動の規則性を見つけようと通うようになった。ただ、「結局彼らは何も考えてなくて、5年通っても何の規則も見つからなかった」と振り返る。

毎日のようにダチョウを観察し、その異常なタフさを実感していた。仲間同士でけんかをして血まみれになっても、カラスにつつか

つかもと・やすひろ　1968年、伏見区生まれ。八幡市、滋賀県草津市で育つ。98年に大阪府立大大学院農学研究科獣医学専攻を修了。獣医学博士。同大学助手、准教授などを経て、2008年、京都府立大に大学院生命環境科学研究科教授として着任。同年に大学発ベンチャー「オーストリッチ・ファーマ」を設立した。

読売新聞（2020年4月26日付）にも取り上げられた！

ンによる物流の構築や海外依存の低価格路線の危うさが、はからずもマスクで露呈した。

この海外依存は、スプレー容器不足という事態も招いた。

結局、飛鳥Ⅱの取材ができなくなったライターさんが、今度はダチョウ抗体スプレーが手に入らないと泣きついてきた。

ぼくの手元にもサンプルしかなく、送ることができない。

中身があっても、容器不足で出荷待ちになった製品はダチョウ抗体スプレーに限らず、スプレー容器のアルコール製品なんかでも起きたらしい。

しかも、この非常時に一儲けしようと企む連中もいる。

ダチョウ抗体マスクもスプレーも、メルカリな

どでの転売に頭を悩ませ、それは今も続いている。

品薄状態からはすでに脱した。この本を読んで「使ってみよう」と思われた方は、正規の公式サイトを利用してほしい。

ニンニク男、京都府大に現れる

同じニオイを嗅ぎつけるのだろうか。研究室には、けったいな人たちが次々と訪ねてくる。

二〇一四年、西アフリカでエボラ出血熱が流行したことを受けて、ぼくは、誰からの依頼も受けず、勝手にエボラウイルスに対応できるダチョウ抗体をつくった。

抗体のつくり方の説明は複雑なのでスルーして、

「けっこう、ええもんできたな」というのが、ぼく個人の感想だった。

自信作ができたら、世間にも知ってもらいたい。大学の公式サイトにプレスリリースを載せたところ、産経新聞社が記事を掲載してくれた。それから数日もしないうちに研究室に電話が入った。

「日本植物燃料の合田真と申します。記事を読みました。詳しいことを伺いたいのですが、研究室を訪問してもよろしいでしょうか」

日本植物燃料なんて聞いたこともない。

京都府大は農学系の学科が多く、先生たちは京都府内の田畑、山林まで出かけて、自治体にアドバイスするなど地域活性化の活動をしている。だが、ぼくは生命環境学部農学生命科学科動物衛生学研究室。畜産業には縁があっても、植物燃料は専門外だ。

「ダチョウの糞を肥料に使いたい」というなら相談にも応じられるが、家畜の糞と植物を混ぜてバイオ燃料をつくりたいという相談なら、ぼくより微生物学の先生のほうが適任だ。ぼくは動物と細菌とウイルスが専門だ。

返事を後回しにしようか迷っていると、合田さんは京都にいるといい、昼すぎにやってきた。

図々しくも、強引に現れた彼を見て、ぼくはのけ反った。

Tシャツにジーンズ、リュックサックを背負い、サンダル履き。

名刺交換しようと近づいてきた彼を前に、ぼくは再びのけ反った。

うわッ、臭〜ッ！

ニンニク臭の直撃。天下一品か王将で、ニンニクのきッつ〜いラーメンを食べてきたらしい。

「企業にも、こういう人がおるんや」と思うと、ワクワクしてくる。

ぼくだって白衣の下は、ヨットパーカーとジーンズ。学長になっても、自分の研究室にいるときと、エミューたちと学内を散歩するときは、この定番スタイルだ。

やっぱり生きものは、個性的でなくちゃつまらない。

聞けば、合田さんは京都大学法学部に在学中、探検部にいて、アフリカや東南アジアなど、感染症の宝庫のような地域を歩いてきた。そのときの経験から、電気の通らない地域でバイオ燃料を活用して農業をおこなうことを思いつき、大学を中退してマレーシアに飛んだという。

経歴を聞いて、ぼくはますます彼に興味をおぼえた。

「今はモザンビークで、ヤトロファという植物でバイオ燃料をつくって、その電気で農業をやってます」

モザンビークといえば、政情が不安定で武装勢力による襲撃事件が多発している国だ。

そんなところでボランティア活動をするとは、おもろい奴だ。ぼくの好奇心はくすぐられっ放し。ニンニク臭いのは、この際どうでもええ。ぼくは身を乗り出して彼の話を聞いた。

「アフリカでは電子決済のしくみもつくりました。あの人たち、明るくて大らかで、いい人ばっかりなんですけど、お金の管理が得意じゃないんですよ。それで、電子決済のシステムを導入すれば、アフリカの経済がもっと発展したとき、役に立つと思って」

おお〜ッ、さすがに京大中退冒険部員や。型にはまらないワイルドさとスマートさ。豪快に自分の人生を楽しんでいる。ぼくらは意気投合した。そして、新たなダチョウ抗体の展開へと進むことになった。

そのひとつが、ダチョウ抗体を入れた飴を、アフリカや東南アジアなどの子どもに贈る「アメちゃん」プロジェクトだ。

ダチョウ抗体入り飴玉で美味しく安心

ダチョウ抗体は、酸性にも、アルカリ性にも、熱にも強い。これを飴やグミに混ぜると、口のなか、喉、胃腸で抗体の効力が発揮される。

二〇一五年、この話が新聞に載った。ちょうど、日本植物燃料の合田さんと知り合ったころだ。その記事を、東京・中目黒にある宮川製菓株式会社の社長、宮川由起夫さんが読んだ。

宮川製菓は創業九〇年。昔ながらの手鍋・直炊き製法で、手づくりの飴をつくっている。そして、「飴職人シリーズ」と銘打ち、桂皮を練り込んだ「にっき飴」や、宇治の高級抹茶を、これもまた贅沢に練り込んだ「お茶飴」などを、自社商品としてつくっている。春限定で「桜飴」というのもつくっていて、これは乾燥させた桜の花の塩漬けを使っている。中目黒は、目黒川沿いの桜並木で有名なところだ。

桂皮は、肉桂、シナモンとも呼ばれ、からだを温める作用がある。肉桂は「にっき」とも読み、日本では昔から飴に練り込み、漢方薬の桂枝加芍薬湯や八味地黄丸などにも配合されて、胃腸の弱い人や尿漏れの人などに処方されている。

最近は、動物病院でも漢方薬を処方するところがあって、漢方薬は動物医療でも普及しつつある。

その漢方薬にも使われている桂皮を飴に混ぜる。宮川製菓では桂皮をたっぷり使って、健康的な飴玉づくりを頑なに守ってきた。

お茶飴に使っている宇治抹茶にしても、抹茶に含まれる緑茶カテキンには抗ウイルス作用や抗アレルギー作用があるので、インフルエンザや花粉症のシーズンには、予防効果が期待できる。

ところが、糖質オフダイエットが流行ってしまった。糖分はダチョウだって喜んで食べるほどエネルギー源として欠かせない。だが、糖尿病ではない健康な人まで「糖質オフ」を金科玉条のごとく実践するようになった。

甘いものを敬遠する人が増えるなかで、宮川さんは、生き残りの道を探っていたのだろう。新聞記事を読んで、ぼくの研究室を訪ねてくれた。

「ダチョウ抗体と、うちの技術でインフルエンザ用の飴をつくりませんか？」

じつは、ぼくは飴のつくり方を知らなかった。理論上、ダチョウ抗体飴をつくれると思っていただけ。宮川さんの誘いを受けても、

「ほんまにつくれますか？」

と、逆に聞き返したくらいだ。

「できると思います。いえ、完成させてみせます」

宮川社長の決意は固かった。さすがに手鍋・直炊き製法にこだわってきた職人だ。

「この人なら、ほんまにつくりよるかもしれへん」

そう思い、試作用のダチョウ抗体を五〇ミリリットル持ち帰ってもらった。

しばらくすると、研究室に試作品が届いた。

「先生、どうですか？　手づくりだから大量生産はできませんが、製品化できそうだと思います」

水飴と砂糖を溶かして、そのなかにダチョウ抗体を混ぜたという。

ぼくはダチョウ抗体をもって、宮川製菓を訪ねた。

飴屋さんの工場に入るのは初めて。

「ここにダチョウさんがいたら、鍋のなかに顔を突っ込んでしまうんやないか」と思ったほど、甘くとろけそうな匂い。鍋のなかでは、砂糖と飴がドッロドロ、アッツアツの状態で溶けていた。

「これを少し冷ましてから、ダチョウ抗体を加えました」と、宮川さん。

「ダチョウ抗体はタンパク質なんですわ。熱に強いといっても、熱すぎると効果は落ちてしまいます。そやから、ダチョウ抗体を加えるときの温度が重要なんですわ」

ぼくはこう説明して、何パターンか試作してもらうことにした。

ドッロドロ、アッツアツの鍋のなかに、ダチョウ抗体をたら～り。それを棒状(ぼうじょう)の道具でグルグルかき回す。白い作業着の上下に、「でんでん帽」をかぶって作業をしている宮川さんは汗だくだ。

高温状態から徐々に冷ましていきながら、タイミングを見てダチョウ抗体を混ぜた。高温よし、中温よし、少々低めよし。

うんと低温は、あかんかった。飴のほうが先に固まってしまい、ダチョウ抗体が均等に混ざらないのだ。

研究室に持ち帰ってダチョウ抗体の効果を調べると、案の定、高温の飴に加えたものは効果が落ちていた。

ぼくらは試作と試験をくり返した。その結果、飴のなかにダチョウ抗体が均等に混ざっているものが、いちばん効果があった。

こうして二〇一五年の秋には、赤、黄、緑、白のかわいらしい飴ができた。飴というよりも、「キャンディ」という表現のほうがぴったり。

ただ、中身はインフルエンザウイルス用の抗体ではない。

世界の子どもが亡くなる二大要因は下痢と肺炎で、毎年五〇万人もの乳幼児が命を落としているといわれている。

そこで、コレラ用の抗体を開発した。飴をなめると、ダチョウ抗体の作用で消化管内の菌やウイルスが不活性化し、感染予防や病状の改善に役立てられる。

おもしろいことに、飴のなかに入ったダチョウ抗体は長期間おいても、その効果がひたすら長く保たれる。砂糖と水飴の作用でウォーター・アクティビティが低く、微生物の繁殖が抑えられることが影響しているのだろう。

アフリカ通の合田さんに相談すると、彼が農業指導をおこなっているモザンビークの村で、まず、テストしようということになった。

問題は、資金をどこから調達するか？

解決してくれたのは、ぼくがつくったベンチャー企業「オーストリッチファーマ」の関連会社、「OSTRIGEN BIOME株式会社」の社長、室岡明彦さんだった。

ダチョウ抗体で「アメちゃんプロジェクト」発動

「塚本先生、クラウドファンディングで資金を集めましょう」

室岡さんは、もともと株式会社コジマに一八年ほど勤めた人で、情報システム畑で働き、執行役員・通信事業部長を最後に独立。その後、ペットの生涯サポートやペットの医薬品、ペット用品を販売する会社を次々と興した。その関係で、ぼくは彼に出会った。彼は、東日本大震災後はもちろん、悲惨な状況におかれている犬や猫の保護活動に力を尽くしてきた。

知り合ったのは、彼がまだペット関連の仕事をしていたころ。企業人生活が長く、チャレンジ精神も旺盛。友人知人も多い彼なら、何かアイディアを提案してくれそうだった。彼はすぐに募金を呼びかけた。その結果、目標額には及ばなかったものの、五四名の方々から総額一六五万円の寄付が集まった。これで、飴は大量に製造できる。

モザンビークでのテストでは、対象となった子どもは六〇〇名。合田さんのおかげでモザンビーク政府の承諾も受け、ハーバード大学医学部のライアン教授とモザンビークのルリオ大学の協力も得られた。

飴をなめた子どもたちの感想を聞き、効果も調べた。アフリカの子どもが粒の大きな飴玉を、喉詰まりせずになめられるか、ちょっと心配だったが、彼らは喜んでなめたという。結果は上々。ただし、飴玉はもっと美味しく、もっと効果が上がるように改良したほうがいい。宮川製菓の宮川社長も、これに応じてくれた。

ぼくらは日本国内での販売も視野に入れて、再びドロッドロ、アッツアツの鍋を前に試作をくり返した。

そして、二〇一七年一月、ついに国内市場用の飴ができた。製品はインフルエンザ用のミント味の飴と、花粉症用の黒糖飴の二種類。

いずれも一粒にダチョウ卵黄エキスが均等に入っている。

二〇一七年二月からオーストリッチファーマの関連会社、「OSTRIGEN BIOME株式会社」で通販をはじめ、現在は、ぼくの研究室のスタッフ、上野沙綾（うえのさあや）さんが興した「オーストリッチトリビュート」で販売中だ。

ぼくのダチョウ人脈は、マニアック系に偏（かたよ）っていると思われがちだが、この上野さんは違う。

出身は鹿児島県。知り合いのお嬢さんで、年のころは二〇代後半。鹿児島県内にダチョウ牧場をつくる予定で、彼女にはダチョウの飼育見習いとして、京都へ来てもらった。

ところが、むちゃむちゃ仕事ができる。鹿児島でダチョウの飼育だけやってもらうのはもったいないと思っていた矢先に、「霧島アート牧場」にいるぼくの教え子の獣医が、ダ

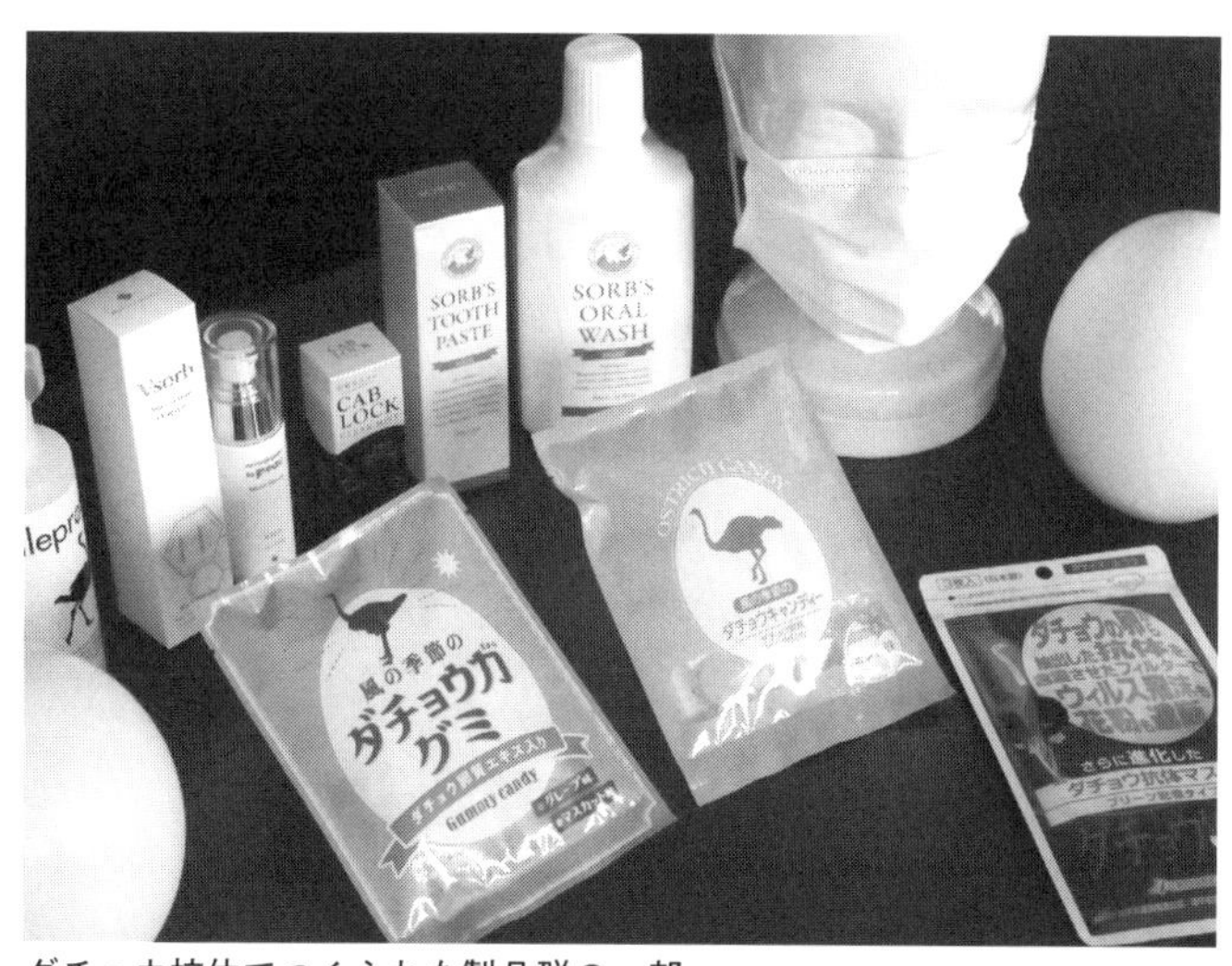

ダチョウ抗体でつくられた製品群の一部

チョウを飼育するというので、彼女には京都に残ってもらった。

製品の販売にあたり、彼女はダチョウ抗体のことを「ダチョウ卵黄抽出物」と表示し、これに「ダテウブリン」と名づけた。

ゲーム『ぷよぷよ!!クエスト』のキャラクター「ウブリン」とは関係ない。「ダテウ」はダチョウのこと。「ブリン」は「イムノグロブリン（抗体）」が由来だ。食品なので「抗体」と表示できず、苦肉（くにく）の策だ。

さらに、ダチョウ抗体入りのグミもつくり、この製品には一袋一〇個入りに、ダチョウ型のグミも一個オマケで入っている。ちょっとした遊び心だ。

ところで、モザンビークでおこなったダチ

ョウ抗体入りの飴は、その後、ジールコスメティックスの前田さんらといっしょに「アメちゃんプロジェクト」として発展させた。新たに大腸菌用のダチョウ抗体を混ぜた飴もつくって、フィリピンのスラム街の子どもたちにもプレゼントしている。

現在、シンガポールを拠点に、バングラデシュで大規模なプロジェクトを進めている最中。新型コロナウイルスの収束を待っているところだ。

大学発ベンチャーが育たない日本の実情

ダチョウ抗体に関係する法人は、二〇二〇年秋の時点で、日本と米国を合わせると一一社。このうち半数ほどのベンチャー企業の名称に、「オーストリッチ」がつく。

もっとも、オーストリッチファクトリーの山本くんのように、ダチョウとは全然関係ないものを販売している会社もあり、足立くんが立ち上げた「オーストリッチ・サイエンス株式会社」にいたっては、ダチョウ小屋の建設会社だ。「どこがサイエンスなんや」と、いいたくなる。

ぼくの助手としてダチョウ飼育をはじめて二〇年。ダチョウ牧場の仕事を、ほとんど任せてきた結果、彼はダチョウの背中に、誰よりも上手に乗れるようになった。

それだけではない。ダチョウの快適な住まいづくりまで研究し尽くしていたのだ。

「これ、すなわち自然科学や」

たしかに一理ある。

たとえば、牧場に産卵用の小屋をつくる。じつはこれ、簡単につくれそうでつくれない。ダチョウはアホだから、ちょっとでも隙間があると首を突っ込んでしまう。それでパニックを起こして死んでしまうケースもある。

そんなことは、長年、飼育してみないとわからない。きめ細やかな観察と世話をしてきた足立くんだからこそできる、安全安心のダチョウハウスづくりだ。

しかも彼は、むちゃむちゃ手先が器用。ダチョウ卵の殻を細工して、アロマスタンドなんかもつくってしまう。それは、道の駅で売りたくなるほど完成度が高い。

もし、動物医療の分野に美容外科が登場して、

「この子、ぶっさいくやからカワイイ顔にしてやってな」

というオバチャンが来ても、足立くんなら期待に応えられるだろう。ただし、

「あら、この子、目が大きいなったで。ダチョウみたいな顔になりよったわ!?」

ということになるに違いない。

彼は、獣医師にして獣医学の博士。

講演会ではバシッとスーツで決め、牧場では白衣に長靴スタイル。その白衣を「寅壱」の作業着に着替え、長靴を安全靴に履き替える。そして、手にするのは注射器ではなく金づち。

ジャ～ン！

ひとたび金づちを握ると、ダチョウ小屋建築のプロフェッショナルに変身だ。

そんな彼も三年前に、つがいのパートナーを見つけてきた。

ダチョウが恋人かと思っていたら、ちゃっかり人間のメスがいたのである。しかも、ぼくが大阪府大でダチョウの研究をやっていたときに、研究室にバイトで来ていた子だ。

バイトで来ていた女性は、ダチョウの解体シーンや血なま臭さにおびえて、ぼくが顔を覚える前に、たいがい辞めてしまった。なかには「こんなところでバイトなんかできへん」と、たった一日で辞めてしまった人もいる。

あれから十数年。その間に何があったか知らないけど、恋のキューピッドは紛れもなくダチョウだ。

プロポーズのときに、足立くんもグロテスクな求愛ダンスを踊ったのだろうか。怖くて聞けない。

ぼくが起業したオーストリッチファーマから枝分かれしていったベンチャー企業のうち数社は、足立くんの会社をはじめ、研究室にいたスタッフが立ち上げた。

どの会社にも「オーストリッチ」とつくのは、のれん分けみたいなもので、いわばぼくのマーキングである。社長たちは全員、「**人畜無害**」タイプだ。

自分の会社を大きくするつもりはない。

というのも、国公立大学の准公務員である教員がつくって役員になっているベンチャー企業は、研究開発の成果を社会に還元するという目的で兼業が認められているので、小売などで会社を馬鹿でかくできにくいのだ。だから、研究室のスタッフには、技術開発に成功した事業があれば、独立してもらう。アメーバ方式だ。

大学教員として、教育はきちっとしなければいけない。

大学の行事もきちっとこなさなければいけない。

こういう最低限のことはせなあかんけれども、国は、研究者に社会貢献というミッションをやたらと課す。がんばっているから儲けられるだけの話なのに、教員は、なんで儲けたらあかんねん？

ベンチャー興して社長になってもええから、研究開発の成果は社会に還元せなあかん、もっと世のなかのために研究開発しなはれ。

ニンジンをぶら下げられて、ビシビシ尻を叩かれる。痛みに鈍感でアホなダチョウなら、平気かもしれへん。そやけど、研究者はダチョウと違う。

結局、疲れはてて高い志も意欲もしぼんでしまう。だから、日本の大学ベンチャーは伸びない。

儲かる会社に成長したら、利益の何割を大学に戻す、といった契約方式にすれば、お互いにウインウインになるはずだ。優秀で意欲的な若い研究者がたくさんいるのに、システム不具合。残念でならない。

それでも、産学連携の環境は、数年前より少しマシになった。

以前は産学連携をはじめようとすると、すぐにコーディネーターが派遣されてきた。

ところが、そのコーディネーターはたいがい爺さん。ちょっと大きい会社で部長さんとかの肩書のあった人が、

「今日から私があなたのコーディネーターです」

と、上から目線でいいよる。デキる人やったら、うれしい。しかし、営業もできないのに、態度だけはえらそう。どこの大学も似たような状況だっただろう。

デキる人なら、定年後も違う会社に再就職している。大学は、姥捨て山ならぬ、「おじ捨て山」。そういう風潮が、日本の大学では長く続いた。

最近は、リエゾンオフィスというのができて、状況は改善されたけれども、ダチョウ抗体の研究開発を通じて、産学連携を経験してきたぼくから見ると、さっきも書いたとおり、現行のしくみを見直さないかぎり、この国の科学技術イノベーションは絵に描いた餅で終わってしまう。

ダチョウ抗体の関連商品の売り上げは、一〇年間で約四〇〇億円。経済波及効果は倍近くになる。産学連携では、ぼくらよりもっと稼いでいるプロジェクトもあるだろう。

新聞などで、「〇〇大学と××企業が共同開発で〜〜」という記事を読んだときには、その陰で研究者が、不眠不休でがんばっている姿を思いうかべてほしい。

ダチョウも著者といっしょにwithコロナ時代に立ち向かう!?

第五章

ダチョウ抗体、アメリカへ渡る

米国陸軍と共同研究スタート

「うわぁッ!」

ジェット音にかき消されて、ぼくの声に気づいた乗客はひとりもいなかった。

ベッドの上に転がっていたのは、馬の生首だ。

犬、猫、馬、牛、ウサギ、ハムスター、ラット、マウス、ニワトリ、ダチョウと数えきれないほどの解剖をおこなってきたが、それは白衣を着ているときだけだ。目が覚めて、足元を見たら馬の生首があるなんて、想像しただけで吐き気がしてくる。シート脇の小さな画面には、新たなシーンが次々と流れていた。

映画「ゴッドファーザー」。

学生時代にも見たが、退屈しのぎに見はじめたら止まらなくなり、パートⅢまで見てしまった。ボストン空港に到着したとき、ぼくは、たまらんほどの時差ボケと肩こりでヘロヘロ状態だった。

入国審査は長蛇の列。審査を終え、カウンターで「A」と書かれたカードを渡され、税関の検査官に見せるよう指示された。「Aって何やろ?」と思いながらパスポートとそのカードを手に、税関のカウンターに向かった。

「Do you have anything to declare?（申告するものは何かありますか）」

「Yes（はい）」

といって、ぼくは発泡スチロール製のボックスを指さした。

「Show me your passport and declaration card, please.（パスポートと申告カードを見せてください）」

ぼくがパスポートとカードを渡すと、検査官はぼくの顔とパスポート写真をじろじろ見比べた。「中川家」の礼二が演じる入国審査のコントを思い出した。

「What is this?（これは何ですか）」

「Ostrich Antibodies.（ダチョウ抗体）」

「Ostrich!?（ダチョウ）」

「Yes.（はい）」

ぼくは事前に米国農務省からもらっていた証明書を見せた。すると、検査官はほかのスタッフを呼びつけ、ぼくは、検疫で引っかかった麻薬の運び屋みたいに、別室へ連れて行かれた。

二〇一四年、ぼくはエボラウイルスに対応できるダチョウ抗体を開発した。西アフリカで、エボラ出血熱（エボラウイルス病）の感染が広がっていたからだ。

もっとも、この段階では、まだ一〇〇パーセントの完成ではない。

日本国内には、東京・武蔵村山市にある国立感染症研究所の施設にBSL-4、つまり、最強最悪の感染症の実験をおこなえる施設はあるが、ぼくらは使えない。そのため、本当にエボラをやっつけられるかどうかは、「生きたウイルスを使うてみないとわからへん」という段階で、実験は中断していた。

エボラ出血熱は、アフリカの熱帯雨林に住む野生動物からうつると考えられているが、感染源がいまだに特定できていない厄介な感染症だ。いったん人にうつると、次は、人から人へとうつる。

感染者の血液や体液などで感染するため、看病をした家族や医療従事者、葬儀のときに遺体を触った人などに感染が拡がり、次に、彼らと接した人たちに拡がってしまう。

致命率が五〇パーセント以上と高く、超危険。飛行機でウイルスが全世界にばらまかれてしまう前に、発祥地で封じ込めなければならない。そのためには患者が発症した時点で、発祥国は、WHO（世界保健機関）を通じて全世界に情報公開する。

新型コロナウイルスでは、この初動対応があまりにも遅く、パンデミックを招いた。自国の利益を優先すると、世界中の人々の命を危険にさらしてしまう。その典型的な例だ。

エボラウイルスの感染者がアフリカ中央部で最初に見つかった一九七六年には、世界最大の規模を誇るアメリカのCDC（疾病予防管理センター）やWHOなどの専門家チームが出動して、感染拡大をまぬがれた。

しかし、エボラ出血熱は一九七七年、一九七九年、一九九四～一九九七年、二〇〇〇～二〇〇二年にも患者が出て、そのつど、CDCやフォート・デトリックの陸軍伝染病医学研究所などの専門家チームは火消しに奔走していた。

恐ろしいことに、米国では一九八九～一九九〇年にかけて、輸入したサルの検疫施設でスタッフ四名がエボラに感染した。

そして、二〇一四年にエボラウイルスはまたしても人間に牙をむいた。二〇一六年までの感染者数は約二万八〇〇〇人。その後も感染は拡がり、二〇一八年にはコンゴ民主共和国で五四名が感染し、このうち三三名が亡くなっている。

コンゴの流行地域では、二〇二〇年六月に終息したということになっているが、それだって、いつまた集団発生するかはわからない。

ダチョウ抗体は、さまざまなウイルスや細菌、花粉やハウスダストなどのアレルギー源に対応できる。そのことを広く知ってもらい、企業との産学連携で、何らかの製品開発へとつなげるために、ぼくは新たな抗体の開発に成功するたびに、プレス発表してきた。

エボラウイルス用のダチョウ抗体の開発に目途(めど)がついたときには、産経新聞が取り上げてくれた。それを見て、ぼくの研究室を訪ねてきたのが前章で書いた、日本植物燃料の合田さんだった。

それからすぐに、今度は米国陸軍から共同研究のオファーがきた。

「ダチョウ抗体で感染症から人類を守る」ことがぼくの使命(しめい)だ。しかも、ダチョウ抗体は軍事兵器にはなり得ない。米国陸軍なら、日本ではできないBSL-4の実験もできる。ぼくは、オファーを受けることにした。

化学兵器や生物兵器によるテロは、いつどこで起こるかわからない。

現(げん)に日本でも一九九五年のオウム真理教によるサリン事件で、おおぜいの人が命を落とした。

ダチョウ抗体は、自然発生した感染症の予防や治療にも使えるが、ウイルスや細菌が故意にばらまかれて感染症が発症したときにも使える。

米国では建国から一四〇年あまりの長期にわたり、戦闘で死亡する兵士より感染症に倒れる兵士が多かったという。

インカ帝国は、スペイン軍が無意識のうちに持ち込んだ天然痘で滅んだといわれる。第二次世界大戦中は、マラリアやデング熱など熱帯特有の感染症で亡くなった日本兵が多かった。

そして、米国はアジア、中東、アフリカなど世界各地の紛争地域に軍隊を派遣してきた。自国の兵士を感染症から守るために、米国が感染症対策に力を入れてきたのは当然のことで、それとともに各国の感染症封じ込めにも協力してきた。

なぜなら、無症状の感染者が飛行機で移動すると、たった一日でウイルスや細菌が世界中に拡散してしまう。もし、エボラウイルスの感染者が米国に入国したら、とんでもない事態に発展する。

新型コロナウイルスのパンデミックに際しても、米国陸軍の総本山、米国国防省は、アフリカ、アジア、南アメリカ、ヨーロッパの同盟国に対して一一〇万ドル（約一億一五〇〇万円）の研究支援、診療用品を支援している。

さらに、米軍の衛生研究所は、ウイルスのバイオサーベイランス、つまり調査監視に六九〇万ドル（約七億一七〇〇万円）を投じて、三〇か国で研究をおこなっている。アベノマスクの経費は約二六〇億円だから、それに比べると微々たる額だが……。

ぼくらは、この新型コロナウイルスで、まさにとんでもない経験をする羽目になったが、二〇一四年に西アフリカでエボラ出血熱が再び広がったとき、米国は二八〇〇名以上の兵士をリベリアに派遣し、現地の医療従事者をトレーニング。エボラ治療施設や移動検査室などを用意したほか、医療従事者用の保護具なども提供して、感染拡大の防止に動いた。

一方、ワクチンや治療法の開発には約四億ドル（約四一六億円）を投じた。

そんなとき、産経新聞にエボラ用のダチョウ抗体の記事が掲載された。どこの国も政府関係者はこの手の情報収集には熱心だ。ダチョウ抗体マスクの開発で、ぼくはそのことを実感した。

攻めと守り。それはウイルスも同じだ。

ウイルスは人体を利用して増殖し、また新たな増殖先を探す。攻めるだけ攻めて、自分のクローンを増やす。逆に、ウイルスの攻撃を受け、守りきれなかったからだは死を迎える。
人体が国や自治領だとしたら、ウイルスは侵略を企てる敵国や一大テロ組織だ。
そして、ダチョウ抗体は、ウイルスの侵略を阻止する迎撃ミサイルだ。

シチュー・ハンバーグさんと出会う

取調室のような別室から解放されたとき、ぼくのヘロヘロ具合はピークに達していた。税関職員は、ぼくが提示した許可証の発行先だった農務省に問い合わせをしたらしく、無罪放免になるまで三時間もかかった。

ぼくが入国審査官に渡された「A」と書かれたカードは、たぶん、Agriculture（農業）のA。許可証が必要だったのは、ダチョウが原因だった。

日本ではニワトリの鳥インフルエンザについては正常国、すなわち「安全」だが、ニワトリの伝染病のニューカッスル病では汚染国だ。

この伝染病は米国、カナダ、オーストラリアなどには発症事例がない。ダチョウがこの伝染病にかかることはまずないが、かなり昔、どこかの国でダチョウがかかったという症例があったため、ダチョウ由来の抗体もあかんということで、足止めをくらった。

米国の空港では、検疫探知犬がウロウロしている。犬たちは、鋭い嗅覚で麻薬や肉類などを嗅ぎ分ける。発見すると、ここ掘れワンワン。ぼくがもっていたダチョウ抗体入りのボックスは、ワンワン吠えられなかったので、ダチョウ抗体は乱暴ないい方をすれば、ダチョウの原型を留めていないということになる。

まあ、とにかく疲労困憊。すぐに宿泊先のホテルにチェックインし、そのままベッドに倒れ込みたかった。だが、ホテルでぼくを待っている人がいた。合田さんだ。

米国陸軍と共同研究をするのなら、臨床試験も必要になるだろうから、ハーバード大学やタフツ大学、マサチューセッツ総合病院などとも連携したほうがよい、という彼のアドバイスもあり、ぼくは、これらの大学が集まるボストンに宿をとっていたのだ。

「塚本先生に会わせたい人がいます。スチュアート・グリンバーグさんという方です。これからすぐに彼のオフィスへ行きましょう」

「え～ッと、食事は？」

「彼と一緒に」

その言葉を信じて、ぼくは合田さんのあとに従った。空腹と疲労と強烈な時差ボケに襲われていたぼくの頭にインプットされた名前は、「シチュー・ハンバーグ」。美味しそうな名前だ。

・・・・・ハンバーグ氏のオフィスでひととおりの挨拶が済むと、案内したいところがあるといい、ぼくらは彼のあとをついていった。ところが、てっきり食事だと思っていたら、そうではなかった。

「ボストンはいい街だよ。案内するから、ハイキングに行こうぜ」

・・・・・ハンバーグ氏は七〇代半ば。ぼくから見ると十分に爺さんだ。だが、知力も体力もまったく衰えていない。ヘロヘロのぼくを後部座席に押し込んだ彼は、問わず語りに経歴を語った。

「ぼくは、マサチューセッツ工科大学で数学を専攻したんですよ。卒業後は、金融業界に入ってね。一九九〇年代に、シリコンバレーでIT企業を創業して、けっこう儲けたんだ」

すごい人を紹介してもらったんやな、と思いながらも、ヘロヘロで子守歌にしか聞こえない。ああ、早くメシにしたい。日本食レストランでゆっくりしたい。

「ヤスヒロ、ハンバーガーはどうだい？　ぼくもまだ食事をとってないから君たちの分も用意しておいたよ」

ハンバーガー？　冗談もほどほどにしてぇな。機内で「ゴッド・ファーザー」を三本も見てしまったせいで、一睡もしてないんやで。おまけに空港で足止めされて、そのうえハンバーグを食って、ハイキング？　死ぬでぇ。

　ことわりたくても、ぼくもノーといえない日本人。どうせハイキングといっても、公園を一周するくらいだろうと思っていたが、それは甘かった。

　歩いても、歩いても、ハンバーグ氏は戻ろうとしない。その間に、ボストン市内の名所旧跡がいくつも登場した。

「じゃあ、食事に行こうか。ボストンには世界的に有名な『ユニオン・オイスター・ハウス』というオイスター・バーがあるんだよ。白ワインでも飲みながら、今後のことを打ち合わせしよう」

　山一周レベルのハイキングのあとに、生牡蠣……。

　恐るべし、アングロ・サクソン系米国人。肉食生活で生き延びてきた先祖伝来のパワーに、米育ちのぼくは、初日から圧倒されてしまった。

旧ソ連の投資家、ダチョウ抗体を狙う？

翌日、時差ボケが抜け切れていないというのに、スチュアートは投資家を何人も連れてきて、ぼくに会わせた。「いらんことしよって」と思ったが、彼はもともと金融界の人間。頭のなかは「マネー　イズ　エブリシング」だ。

投資家との顔合わせ場所は、スターバックスコーヒー。店先にある丸テーブルだ。学生やオフィスワーカーがワサワサいるなかで、初対面の投資家と億単位のゴッツイ話をする。金融界の覇権を握るアメリカのすごさを垣間見た思いだった。

場所に合わせたのか、次々と現れた投資家たちは、みなラフな格好だった。たぶん、Tシャツといっても何万円もするブランドものなのだろうが、パッと見には、ほんまに金持ちなんやろかという人ばかりだ。

ただ、瞳に$マークが光るギラギラした人や、濁った瞳の奥にうさん臭さをうかべた怪しい人物もいた。うさん臭いのは、旧ソ連か北欧系の投資家だった。

「こいつら、武器の密輸とかヘンなことしよって金持ちになりよったな。注意せなあかん」

頭のなかで警報が鳴る。怪しそうな人物は、スチュアートが見極めてNGを出した。
彼は、ぼくが経済に疎いと思ったのだろう。ベンチャー企業のあり方をレクチャーしてくれた。

「エボラのダチョウ抗体は、きっと実用化する。そこでだ、ヤスヒロは、米国法人を立ち上げる。メガ・ファーマ（巨大製薬会社）が興味をもったら、投資家はどんと金を投げてくる。米国はマイルストーン型のビジネスだから、資本金が少なくても、何百億ドルと金が動くんだ」

　きょとんとしているぼくに、彼は続けた。

「ダチョウ抗体の想定市場規模が認められたら、投資する人は必ずいる。経済は売り上げありきだ。キミたち日本の学者には、経済という概念が抜けているんじゃないか。キャッシュフローはなくても、会社の価値は何十億ドルにも跳ね上がる。そこが米国と日本のベンチャー企業の違うところだ」

　さすがに金融のプロにして、有名IT企業の創業者だけのことはある。と、感心していたら、スチュアートは意外なことを口にした。

「ぼくもベンチャー企業にはかなり寄付したよ。投資じゃないよ、寄付さ。気づいたら、財産は消えていたけどね。屋敷も人手に渡ったよ」

耳を疑う話だった。スチュアートは続けた。

「昨日、ヤスヒロが来てくれたオフィスは、昔のぼくのオフィスに比べたら、ウサギ小屋みたいなものだ」

大邸宅を失い、自宅はボストン郊外にある小さな家だという。お人好しにもほどがある。アホちゃうか、貯めておくという本能はないんやろうか。開いた口が塞がらなかった。

だが、金融のプロにして、ＩＴ企業の創業者。人脈も広い。ぼくはスチュアートと、彼を紹介してくれた合田さんに米国法人の設立準備をお願いした。

薄毛・ハゲにもダチョウ抗体

ボストン大学、ハーバード大学、マサチューセッツ工科大学、タフツ大学、世界トップの大学が、狭いエリアに集中している都市は、ボストン以外であるだろうか。

規模もレベルの高さも資産も、日本とは桁違いのスケールだ。ところが、お互いに牽制し合うこともなく、かけもちで教授をやっている人もいる。底力が大らかさを生むのか、「いや〜、米国にはかないまへんわ」というしかない。

その桁違いの大学を訪問し、面会の約束を取りつけておいた教授たちに会う。

むろん、個別訪問だ。パソコンを広げてのプレゼンテーション。京都弁×大阪弁なまりの「上方イングリッシュ」で、研究内容をまとめたスライドを見せた。

どの教授も、熱心に耳を傾けてくれた。感激！

ところが、誰もメモをとってくれない。ショック……。

興味がないのかと思ったが、三年後にメモをとらなかった理由がわかった。

ぜんぶ憶えていたのだ!?

結局、ぼくは希望どおりハーバード大学医学部関連病院とタフツ大学獣医学部の教授たちと共同研究をはじめた。あるミーティング中に、「あのときのグラフは」とかいうので何のことだろうと思っていたら、初めて会ったときに見せたグラフのことだった。

驚くべき記憶力。やっぱり、人類初の月面着陸を成し遂げた国だ。グーグル、アップル、フェイスブック、アマゾン、「GAFA（ガーファ）」を生んだ国だ。

「どないすんねん、ニッポン。超ド級のメガ頭脳が、ウジャウジャおるねんで」

と、度肝を抜かれたぼくは、マサチューセッツ工科大学卒業のメガ頭脳、スチュアートの運転する車で、いよいよ米国陸軍の施設があるワシントンへ向かうことになった。

映画「アウトブレイク」で見たダスティン・ホフマン。宇宙服のような防護服。超危険なウイルスを扱える実験施設、BSL-4をこの目で見たかった。

ホテルをチェックアウトして外に出ると、少し離れたところでスチュアートがクルマの前で手を振っていた。

ひと目でSUVとわかるでかさ。セレブ時代の彼なら、自家用ジェットでひとっ飛びだったのだろう。まあ、しょうがない。旅の友はスチュアートと合田さん。もっさいオッサン三人で、九時間の長距離ドライブなんか楽しいはずもないが、SUVだからゆったりと眠れるだろう。

ダチョウ抗体を詰めた発泡スチロールを小脇に抱え、トランクをゴロゴロ引きずりながらSUVまでたどりつくと、なんか様子がヘンだった。車体の後ろ側にもついているはずのナンバープレートがない。

「ああ、これか。前のプレートはついているから違法じゃないよ」

スチュアートはシラッとした顔でいう。

エンブレムは斜めにH。ホンダかと思ったらヒュンダイだ。レンタカーを借りるといっていたが、塗装もあちこち剝げている。どう見ても年代物だ。

「スチュアート、その剝げた塗装にダチョウ抗体を塗ってやろうか？」

「ダチョウ抗体を塗ってどうするんだ？」

「ハハッ、ジョーク、ジョーク。ハゲに効くダチョウ抗体も開発中なんだよ。それを毎日、頭皮にスプレーしてマッサージすると、髪の毛が太くなるし、毛も生えてくる。そんなものをつくれないかと思ってね」

毛髪は、根元の毛母細胞が分裂・増殖し、角化したものだ。加齢やホルモンなども影響するが、毛穴の詰まり、血行不良、栄養不足などが原因で、薄毛や脱毛が起こりやすくなる。当時開発中だったハゲ用ダチョウ抗体は、二〇一九年に、ジールコスメティックスから発売された養毛トニックに化けた。

「ヤスヒロ、そのダチョウ抗体はいつできるんだ？」

「まだ二〜三年先ですよ」

「米国で売れるんじゃないか。投資家を集める。会社を上場させて、でっかく稼ごうぜ」

お〜ッと、また、金儲けの話だ。朝礼の整列にはじまり、人生のあらゆる場面において均一化を美徳とする日本で育ったぼくには、「マネー　イズ　エブリシング」感覚はない。

ぼくは、「ダチョウ　イズ　エブリシング」。ダチョウ抗体を人類に役立て、ダチョウのすごさを世界中の人に知ってもらえれば十分だ。

そんなぼくと、金儲けを狙うスチュワート、そしてエボラ出血熱の封じ込めを掲げる陸軍研究所。三者三様の思惑を乗せたオンボロ車は、ワシントンへ向けて走り続けた。

米国で学んだ産学連携のこれから

ぼくは、スチュアートが教えてくれる経済の話には聞き耳を立てた。

ぼくらが、自分の意思で自由に研究をおこなえるのも民主主義だからこそ。そして民主主義は、経済力に支えられる。

平等という甘い言葉でフェロモンをまき散らす思想の先にあるのは、独裁というクモの巣だ。その下で、科学者は不本意な研究をやらされて、あるいは毒牙にかかって倫理観を失い、原爆をはじめ、つくってはならない化学兵器や生物兵器なんかを開発してきた。

経済は大事だ。自由は大事だ。そして、これらを守るには私利私欲に走らない、人畜無害な生き方がええ、と思って生きてきた。

米国に法人を設立するには、日本の大学ベンチャーのような感覚では長続きできないと、ボストン滞在で思い知らされた。

米国の大学の研究室は、研究費が確保できないと簡単につぶれてしまう。研究室のなかにはスタッフが二〇〇名もいる大所帯もある。そこまで巨大化すると、政府からの補助金だけでは、とても足りない。

トップにつく教授は、スタッフを食べさせていくために民間企業とコラボするなどして、運営資金を稼いでくる。日本のように公費、つまり税金で研究しているだけではなく、民間、産学連携、投資家らとの関係が密なのだ。

日本の研究者の場合、研究費が少ないと「国が悪い」という話になりがちだ。たとえベンチャー企業まで発展させても、稼げないしくみだから気持ちはわかる。

だが、羽振りのよかったバブル時代は三〇年も前の話だ。

他力本願＋ネガティブ思考では鬱屈した思いを抱えたまま、そのうち肩書依存症になってしまう。

「日本の大学も、米国のよい面は吸収すべきやな」と、思いながら、ぼくはスチュアートの運転する激安レンタカーで、意外に楽しい旅を続けていた。

「ところで、もうすぐワシントンDCなんだけど、ミーティングは明日だよね。ちょっと案内したいところがあるんだ。素通りするよ」

イヤな予感がした。スチュアートは経済の話もしてくれたが、「自分は歴史家なんだ」とかいって、南北戦争の話もしていた。

「ヤスヒロは、『七日間の戦い』のことは知ってるか？　一八六二年六月二五日から七月一日まで続いた戦闘で、ボルチモアの近くなんだよ。これから案内するよ」

到着早々には、山一周分のハイキングをさせられた。あのときも、このオッサンはボストン市内の名所旧跡を歩きよった。

「ヤスヒロ、ここが戦いの一日目だ。オークグラブの戦いといって、六月二五日の戦闘は小さかった。まあ、前哨戦といったところだな」

スチュアートは、さも見てきたように語りはじめた。

「京都かて一一年も応仁の乱が続いたんやで」

などと口走ろうものなら、ペリーの黒船来航につなげて世界史にまで発展させかねない。ぼくは相づちを打つだけにした。

「そうか、すごいなあ。南北戦争があったから、今の米国があるいうのは、スチュアートが紹介してくれた投資家さんやハーバードでわかったよ。日も暮れてきたし、もうワシントンDCへ行こうよ」

「いや、二日目からが本番だ。ビーバーダム・クリークの戦いといって、すごい戦闘だった。『七日間の闘い』は、南北合わせて二〇万人の兵士が戦ったんだ……」

歴史書を何度も読み返しているのか、彼は、延々と説明しながら七日間の戦闘地を全部見せてやるといった。

一日目、二日目、三日目。四日目に「もうええがな」とつぶやいたぼくの日本語は、スチュアートには通じなかった。

自分のからだで人体実験

かつて、生物兵器の開発で悪名をとどろかせたフォート・デトリック。一九六〇年代に感染症対策の研究をおこなう施設として生まれ変わり、世界各地で発生する感染症に目を光らせている。

実験施設のセキュリティは厳しすぎるくらい厳しい。ぼくは一か月も前からパスポートのコピーなどを提出して登録を済ませ、当日を迎えた。

ここでの諸々は、守秘義務により語れないことがほとんどだ。予想以上に研究成果は上がっているので、いずれ何らかのかたちで世の中の役に立つと思う。

まあ、それはともかく、ぼくが訪ねた施設は空港みたいな入口で、荷物を全部没収され、

「貴重品はおもちください」などという係官はいない。まったくの手ぶら。

施設内に入ると、すれ違う人は皆、迷彩服だった。廊下を行く研究者も迷彩服。白衣をひるがえして歩く姿は見当たらない。この格好でダチョウ牧場に行ったら、全員、草やぶと間違えられてダチョウの群れに踏み倒されてしまう。

兵士VSダチョウ。

素手で戦ったら、屈強な兵士もダチョウには負けるだろう。

三六〇度全方向にグルグル振り回せる長い首。

その先には顔の半分を占めるでかいクチバシ。突く、はさむ、振り回す。首と頭だけで、三パターンの攻撃力をもつ。

そして足の先には、パッと見には一本に見えるぶっとい指と魔女の爪。

そんなフル装備の奴が、でかい羽を広げて襲いかかるのだ。バサッと羽の音が迫ったと

きには、もう遅い。ジャンプ、キック、クチバシ攻撃。ぼくはじっさいに襲われたから、その凶暴性も強さも、足を骨折したほどよく知っている。

全治三か月。そのとき折れた右膝の骨は、グシャグシャだった。人工関節にしたほうがいい、といわれているが、一〇年後には再手術だという。だったら、未来の医学に期待したほうがいいと思い、右足を少し引きずりながら過ごしている。

要するに、ぼくは人間と動物のはざまで生きてきたから、時折、野性味が出てくるようになっただけのことだ。

朝からハイテンションで仕事をしすぎて、夜中にパッと目が覚めたとき、むちゃむちゃ気分がふさぎ込んしまうことがある。そんなときは試しに大型犬が発情する薬を飲んでみたこともあった。娘にも、風邪や腹痛、すり傷程度なら、犬や猫の薬を使った。

うちには富山の置き薬はないが、動物の薬なら常備している。そもそも人間に使う薬は、動物実験をくり返して開発される。動物の薬といっても、成分も薬効も人間用とほとんど変わらないし、動物病院では、人間用の薬を処方する場合だってあるのだ。

さすがに米国陸軍と共同研究しているエボラやジカウイルスの生ワクチンでは試していないが、これまで開発したダチョウ抗体のほとんどは、自分のからだに注射して効果を試してきた。

もちろん、自分でつくった新型コロナウイルスのワクチンやダチョウ抗体も、完成してすぐにブスッと打った。採血して特殊な機器で調べると、体内にどのくらい抗体ができているか調べられる。その変化を確かめたいのだ。

ぼくは獣医師だから、自分で自分に注射するのはいっこうにかまわない。自分でつくったワクチンは、真っ先に自分のからだで実験したい。おそらく、ぼくだけではない。きっと感染症の研究者は、そういう習性の生きものだ。

ダチョウ抗体、ラブローションに変身

米国陸軍と共同研究をはじめたころ、ジカウイルス感染症が流行(はや)っていた。ジカウイルスは、一九四七年にアフリカのウガンダで、アカゲザルから見つかった。その後、一九六八年にナイジェリアで見つかり、二〇〇〇年代に南太平洋を西から東へ大移動。二〇〇七年にはミクロネシア連邦のヤップ島、二〇一三年にフランス領ポリネシアで一万人が感染した。

小さな島で感染者が出ると、あっという間に拡がってしまう。しかも、そういうところは、たいがい十分な医療設備がない。だから、余計に怖い。

ジカウイルスはポリネシアから南太平洋をさらに東へ進み、二〇一四年にチリのイースター島、そして二〇一五年に、リオデジャネイロ五輪を翌年に控えていたブラジルをはじめ、南米各国が流行地域になった。

症状は発熱、発疹、関節痛、頭痛、結膜充血など。ブラジルでは母親の胎内で感染した赤ちゃんが小頭症で生まれてきたケースもあった。じつは、日本にいるヒトスジシマカという蚊も媒介役になり、当時、けっこう話題になっていた。

ちょうどぼくが米国陸軍の施設で共同研究をスタートさせたころ、ジカウイルスはカリブ海地域にも侵出していた。

ぼくは米国陸軍と共同で、エボラ用のダチョウ抗体生ワクチンの開発と並行して、ジカウイルスのダチョウ抗体も開発した。

生ワクチンは、万が一のときに注射をする治療薬だ。予防効果を発揮するのはスプレーのほう。「エボブロック」と「ジカブロック」をつくると、彼らは施設内のあちこちに置いて使ってくれた。

役立っていると思うと、やっぱりうれしい。

ところが、二〇一五年も月が進むと、アフリカではエボラが下火になった。それに代わって、今度はMERSが韓国で流行った。

「エボラはもういい。明日からMERSの研究をはじめてください」

エボラについていた予算がいきなりMERSに変わった。有無をいわさぬトップダウン式。従うしかない。MERS用のダチョウ抗体を開発し、「Mブロック」というスプレーもつくったことは、前章でも書いたが、このスプレーも韓国で役立ててもらった。

役立ったということでは、ジカウイルス用ダチョウ抗体もそうだ。二〇一六年リオデジャネイロオリンピックのときは、まだ、ジカウイルス感染症の流行真っ最中。

「日本人選手団が感染したら、えらいこっちゃ」

と思ったぼくは、感染予防のために、コンドームに使うラブローション（潤滑ゼリー）をつくった。女性の魅力に負けて、よろめいてしまう選手やスタッフだっているかもしれない。

「これさえ使えば、感染予防になるはずや」

ぼくは、ある人物を通じて自信作を選手団に渡した。

「使いました、使い心地もよかったですし、感染予防になったと思います！」

という報告を待ったが、その効果効能はぼくの期待に反して今もって不明。男女に渡ったはずなのだが……。

人なつこいダチョウのリンダちゃん

こうして研究のために、ぼくはワシントンと、臨床試験などで連携しているボストンのハーバード大学とタフツ大学をたびたび訪れるようになった。

ダチョウ抗体はつくれる。臨床試験の結果もいい。だが、量産化のためにはダチョウ卵もそれなりの数が必要だ。ぼくは、オーストリッチファーマの米国法人の運営を任せているスチュアートに頼み、米国内で卵を調達するために、ダチョウ牧場を探してもらった。

「候補の牧場が見つかったぞ」

スチュワートから連絡が入った。二〇一七年のことだ。

業務提携先を探し、米国のダチョウ協会に登録していたところ、手をあげてくれた牧場があったのだ。

「アリゾナにあるんだ。けっこう大きいらしい」

観光用のダチョウパークでもあるのかと思い、ちょっとワクワクした。

「残念だが、ヤスヒロが想像しているような牧場じゃないよ。BSE（牛海綿状脳症）の問題が出てから、食肉用にダチョウを飼う牧場が増えたんだよ。だがな、どこの牧場も経営が苦しいらしい」

牛肉の味になれている米国人には、安心安全で鉄分豊富、ダイエットにもええで、というダチョウ肉は見向きもされなかったらしい。

ぼくは、牧場があるというアリゾナ州に、スチュワートと向かった。

今度はレンタカーじゃない。ボストンから州都フェニックスまで約三六〇〇キロ。飛行機で三時間以上かかる。国内線で飛んだ。

アリゾナ州は米国の南西部に位置し、カリフォルニア州やユタ州などと隣接する。

キーワードは、グランド・キャニオン国立公園、サボテン、砂漠。

フェニックスはともかく、ダチョウ牧場もその周辺も、だだっ広いだけでサボテンしか生えていない。サボテンも焼いて食べると美味い。しかし、トゲがある。ダチョウたちは、アルファルファ（ムラサキウマゴヤシ）を乾燥させた「ヘイキューブ」や牛のエサを与えられていた。草食だから、牛のエサでも問題はない。

日本と違い、気温は一年を通じてそんなに変わらず、産卵回数は多そうだった。

牧場では数千羽のダチョウを飼育していると聞いていたが、一区画に一〇〇羽ぐらいずつ放され、ドドッと駆けてみたり、うろつきまわったり、うらやましいほど暇そうだった。

ほかの柵にはヒナの集団もいた。ふと見ると、遠くから犬が一頭、ヒナの群れに向かって走ってきた。その犬は、群れから離れてうろついているヒナがいると、猛ダッシュで駆け寄り、ヒナを群れに追い込んでいった。呆気にとられているぼくに、牧場スタッフの女性が声をかけてきた。

「あの子はボーダーコリーなの。夜間にヒナを放しておくと危ないので、ああやって小屋まで追い込んでいるのよ」

牧羊犬ならぬ牧鳥犬。ペットのボーダーコリーの場合は、その習性がフリスビー大会などで発揮される。賢くて、よく走る。犬のなかでも、スーパー頭脳グループの一種だ。

「どお、あの子、よく働くでしょ。私たち、彼のおかげで本当に助かっているの。大人のダチョウは、バギーやトラックで追うのよ」

だだっ広いだけあって、スケールが違う。ぼくらのように、棒をグルングルン振り回しながら、追いかけ回すようなこともしない。

「じゃあ、これから大人のダチョウたちを紹介するわね」

女性スタッフのあとをついていくと、柵のそばにダチョウが数羽いた。

「リンダ、こっちへいらっしゃい。ドクター・ツカモトとミスター・グリンバーグよ」

名前を呼ばれて、ダチョウが近づいてくるわけないやろ、と思いながら見ていると、リンダは、ほんまに近づいてきた。

「この子、私のお気に入りの子なの。やさしくって、よくなついて、ほんとにカワイイのよ」

「えっ〜、なついてる?」

「そうよ、ほ〜ら、さわってみて」

うわッ、やめてくれ。ぼくは、「ラオウくん」に蹴られて大怪我したんやで。ラオウくんの名前は即席麺の「ラ王」やない。『北斗の拳』の「ラオウ」や。


「ドクター、どうしたの? 真っ青よ」

そのダチョウ、凶暴につき

家畜用のダチョウは、レッドネックとブルーネックという原種をかけ合わせてつくられた「アフリカン・ブラック」が一般的だ。

米国の牧場にいるのも、このアフリカン・ブラック。レッドネックは凶暴すぎて人が近づけないため、凶暴ではないブルーネックとかけ合わせて、アフリカン・ブラックがつくられた。

神戸のダチョウ牧場にいるのも、一応、アフリカン・ブラックだが、交配の遺伝パターンを間違えたまま増えてしまった。

というのも、ぼくらが飼育しているダチョウの多くは、国内各地の土建屋さんや、脱サラしてダチョウ飼育に人生を賭けた人たちから引き取ったものだ。

一九九〇年代以降、土建屋さんは公共事業が減り、事業の多角化をはかった。その事業のひとつに、ダチョウ飼育があった。革は高級バッグ、肉はステーキ、羽毛はハタキ等々、お金になると考えたらしい。

ところが、儲(もう)からなかった。それどころか、エサ代がかかるだけで赤字。岐阜県内にダチョウを引き取ってくれるところがあり、そこへ連れて行くと一羽七〜八万円で売れる。だが、輸送(ゆそう)コストや解体費用(かいたいひよう)などもかかるので、これまた赤字。そういう行き場を失ったダチョウたちが、神戸のダチョウ牧場に集まってきた。

土建屋さんは鳥屋さんじゃない。だから、適当に交配してしまった……。

家畜の条件はおとなしいこと。アフリカン・ブラックといっても、家畜としてはまだ不安定だ。

たとえば、アフリカン・ブラック同士をかけ合わせて四羽生まれる。そのうち一羽はレッドネックに近い遺伝パターンをもって生まれ、凶暴なダチョウに成長する。そして、このダチョウと似たタイプのダチョウが交配してしまうと、さらにレッドネックに近づく。これをくり返していくと、最後はレッドネックに戻ってしまう。

ぼくを襲ったラオウくんが、まさにそうだった。

もっとも、ラオウくんのように超凶暴なのは、数百羽のうち一羽程度。神戸のダチョウ牧場にいるダチョウも、五〇〇羽すべてが超凶暴というわけではない。それでも、レッドネックに偏(かたよ)ったダチョウの割合は高い。

残念なことに、神戸のダチョウ牧場のダチョウたちは、かなり野生に戻ってしまった。この状態を変えるのは、もう手遅れ。したがって、ぼくはラオウくんたち凶暴ダチョウと生涯を共にしなければならない。

だが、悲観はしていない。ぼくには、半グレの息子や娘たちの面倒をみてくれる足立くんがいるからだ。

進化するダチョウ抗体マスク、コロナ感染を数分で判定

ダチョウマスクの表面（一番外側）には、新型コロナウイルスに結合するダチョウ抗体を塗ってあるので、表面でウイルスをキャッチして不活性化できる。

よく講演などでマスクの話をしたあとに、

「口側のフィルターに、ダチョウ抗体を塗ったらどうなるの？」

という質問を聴講者さんから受ける。そのときは、

「口や鼻からのウイルス、つまり咳やクシャミから出るウイルスが、口側フィルターでダチョウ抗体と反応するので、外に飛び出なくなりますね！」

と答えてきた。ただ、これは推測。実際に確かめたわけではなかった。
しかし、よく考えると、咳やクシャミに潜んでいるウイルスが、口側フィルターのダチョウ抗体でキャッチできて、それを可視化（見える化）すれば、その人はウイルス感染者ということになる。

新型コロナウイルスに限らず、感染症ではスーパー・スプレッダーが存在する。
これは、咳やクシャミにウイルスが大量に出て、飛沫が遠くまで飛ぶような体質の人で、一〇人以上の感染者の感染源になった患者さんのことをいう。

二〇〇三年、中国で発生したＳＡＲＳがシンガポールで広がったときも、スーパー・スプレッダーがいた。感染源となった患者さんは、香港のホテルに数日宿泊してシンガポールに戻り発症した。そんなこととは知らずに、看護師や見舞客など二一人が感染。この二次感染者から、さらに感染が拡大したケースだった。

スーパー・スプレッダーによる感染拡大はＳＡＲＳのほかに、麻しん、結核、エボラ出血熱などでも起きている。そして、新型コロナウイルスでも。

厚生労働省が二〇二一年一月末に発表した「新型コロナウイルス感染症の〝いま〟についての10の知識」によると、感染と診断された人のうち、他の人に感染させたのは二割以下と考えられている。

感染しているのに、体の外にウイルスを排出しない、つまり他人を感染させない人は八割以上。ということは、ＰＣＲ検査では陽性でも、咳やクシャミにはウイルスが出てこないので、「安心な人」ということになる。それでも「安心な人」は隔離され、近くにいた人まで濃厚接触者として分類されているのが現状だ。

「安心な人」を隔離してもあまり意味がないのに、外出自粛で景気は落ち込むし、人の気分は鬱々としてくるし、社会全体を疲弊させて、どないすんねん？

でも、感染した人の誰がスーパー・スプレッダーなのかわからない。

感染者の約一〇人に一人、いや二〇人に一人くらいしかスーパー・スプレッダーは存在しないという報告がある一方で、一人で一七〇人近く感染させてしまったスーパー・スプレッダーもいる。だから、「安心な人」も隔離するしかない。

しかし、隔離で感染拡大を防ぐという方法は、一〇〇年前にスペイン風邪が流行ったときから全然、進化していない。ＡＩだ、宇宙旅行だといっている時代だというのに。

「う～む」

エミュー三姉弟と京都府大のキャンパスをうろつきながら、ぼくは考えた。

「う〜む」

　ダチョウ牧場へ行って、ダチョウを見ながら、また考えた。

「そうや、この手があった！」

　スーパー・スプレッダー体質の人を集団のなかに入れないようにすれば、クラスターの発生は抑えられる。

　ダチョウ抗体のいちばんの武器は、安価に大量生産できることだ。この特性に「時短力」と「スプレッダー検知力」を付加すれば、早くて、安くて、簡単に検査できるうえに、「安心な人」とスーパー・スプレッダーを分ける方法を開発できるかもしれない。

「登校、出勤、イベント参加等々、集団のなかに入る直前に、ウイルス排出の判定をすれば、クラスターの発生を防げるやんか！」

　ダチョウ抗体マスクの口側フィルターに、色素や酵素を結合させた抗体を塗りつけておき、そのマスクをしばらく着けておく。すると、呼気やクシャミや咳のなかのウイルスが、フィルターにキャッチされる。

「今日は、吉本で思いっきり笑ってストレス発散や」

　というとき、「なんばグランド花月」の入口前で、そのフィルターだけを取り出して、ダチョウ抗体で捕まえたウイルスに結合する別の抗体（二次抗体）の液に浸けるのだ。

「あんた、何してますのん？」

「いま、ダチョウ抗体マスクの内側から取り出してくれはったフィルターを液に浸けて、最後に光をあてて色が出てくれれば、お客さんは新型コロナに感染してます。で、スーパー・スプレッダーということなんですわ」

「もし、フィルターが光ったら、どないすんねん？」

「入場できへん。それに、お客さんはクラスターを発生させる力があるよって、すぐに感染症の専門病院に行ったほうがええ。早めにわかってよかったなぁということですわ」

劇場や講演会やパーティーや、とにかく人がたくさん集まる場所の入口前で、ウイルスを測定するために、抗原検査やＰＣＲ検査をやるなんてことは、ほぼ不可能だ。

でも、進化系ダチョウ抗体マスクを装着していれば、その場ですぐに入場可能かチェックできる。しかも、この**二次抗体による判定は、簡単な操作で、五分もあれば陰性か陽性のスーパー・スプレッダーかを判定できる。**

結果的に、集団を感染から守ることにつながり、３密空間でのマスクの装着は必須とはいえ、人類は自由な生活を取り戻せる。普段は、普通のマスクを使っていても、集団のなかに出かけるときだけ、進化系ダチョウ抗体マスクを使えばいい。したがって、家計の負担も少なくてすむ。

去年からずっと、世界の国際線はマヒ状態が続いている。飛行機に乗る前にお客さんがダチョウ抗体マスクを着けて、到着地の検疫でチェックをすれば、水際対策にもなるだろう。

個人的なことをいえば、共同研究先の大学や研究施設がある米国やインドネシアなど海外の空港にも設置されると、日本国内ではできないBSL-4の実験をおこなえるようになる。

研究にしても、経済活動にしても、世界同時鎖国の状態がこれ以上続いてしまうと、そのダメージは計り知れない。ダチョウの力でそれを何とか阻止したいと思っていたので、マスクで感染検査をおこなう閃きを実用化したくて、2020年からある繊維メーカーさんと共同開発を進めてきた。

最近、その特殊フィルターの開発に成功した。

これは、フィルターにびっしりとダチョウ抗体が並ぶように設計されており、効率よくウイルスをキャッチできる。

そして、実際にウイルス液をマスクに吹きかけると、口側フィルターでウイルスが捕らえられ、さらに感染性も失われた。

具体的にはこうだ。

❶ マスクの口側フィルターをめくって緩衝液（かんしょうえき）に浸ける。
❷ 次に、緩衝液に浸けた❶を、色素を標識した二次抗体液に浸ける。
❸ ❷をもう一度、緩衝液で洗う。
❹ ❸に光をあてる。すると、点々と光るスポットが出てくる。これはウイルスだ。
❺ 最後に判定する。**光っていなければ陰性。光っていれば新型コロナウイルス陽性のスーパー・スプレッダー**ということになる。

現在、健常な人に、試作した進化系ダチョウ抗体マスクを着けてもらい、様子を観察しているところだ。

スプレッダーの検出機能については、診断薬かどうかで厚生労働省と協議（きょうぎ）しなければならないが、二〇二一年内の販売をめざしている。やはり、ウイルス検査は誰でも、ごく簡単にできるようにならなければ、迅速（じんそく）な感染者の隔離も集団感染予防もできないからだ。

今こそ、安くて早くて簡単に使えるというダチョウ抗体のメリットを最大限に生かすべきときなのだと思う。

任してや、ダチョウさんは、感染症から人類を守りまっせ！

市川海老蔵さんのオーラを安心安全な舞台で！

二〇二〇年十一月三日、大阪市が主催する「日本の劇場文化　復活祈願祭」が大阪の道頓堀川でおこなわれた。新型コロナの影響でダメージを受けた劇場文化を応援するのが目的だ。

そのイベントに、なんと、市川海老蔵さんが来てくださった。海老蔵さんが船に乗って道頓堀川の上で舞ったのだ。

事前予告なしのサプライズな催しだったが、道頓堀川の両岸にはマスクを着けた人がたくさん集まった。

ダチョウ抗体のスプレーなどを共同開発したジールコスメティックスの前田さんとともに、関係者の方々にダチョウ抗体グッズを提供させていただいたこともあって、海老蔵さんが乗っていた船や川岸には、「ダチョウ抗体」の看板と垂れ幕が何枚も、でかでかとぶら下がっていた。

そして、テレビのニュースや新聞記事では、海老蔵さんの周りに「ダチョウ抗体」と「ダチョウのマーク」がこれでもか！　というくらいに映し出された。

「やり過ぎたかな？」

前田さんもぼくも少し焦ったけれども、これはこれでうれしいことであり、ダチョウ抗体のパワーのおかげだと思い直した。

それにしても、海老蔵さんは素晴らしい！

やはり「華」があり、おおぜいの人を惹きつけるオーラを放っていた。そのオーラを歌舞伎の舞台で、皆さんに安心して感じてもらいたい。とにかく歌舞伎でもお笑いでもコンサートでも、お客さんが一人でも多く入場できるように、わずか五分で感染をチェックできる進化系ダチョウ抗体マスクの開発を急がなければと、気持ちを新たにした。

このイベントには、大阪都構想が否決された翌日にもかかわらずに、大阪の松井一郎市長も駆けつけてくださった。感謝！　すごく人気のある市長さんで、周りの人からあたたかい声援をうけていた。

さて、前田さんとぼくは、その後もコロナ対策用のリップスティックや保湿クリームを開発した。

リップスティックのプレス発表のときは、「ダチョウ倶楽部」の三人が来てくださった。ぼくは出張中だったので、残念ながらZｏｏｍでの参加。

ダチョウ倶楽部の三人は、きちんと笑いをとり、やっぱりプロは違いますわ。

「もっと早く呼んでほしかった」と、おっしゃっていただいて、前作の『ダチョウ力』が、ダチョウ倶楽部の本と間違えられたりしたぼくとしては、感謝感激！

ダチョウ抗体商品が世に出てから一三年目に、初めて実現したダチョウ倶楽部とのコラボだったのだ。

「ようやく出会えたね」って、キスしたいくらいうれしかったけど、それをやったら3密どころか濃密(のうみつ)だ。いやいや、ダチョウ抗体スプレーをシュシュッと全身にかけて、ダチョウ抗体リップを塗っていれば、たぶん、大丈夫。お膳立(ぜんだ)てをしてくださった前田さんの行動力には、ほんまに脱帽(だつぼう)ですわ。

現在、ダチョウ抗体配合のウエットティッシュやエアコンフィルターも良い感じで開発中だ。

新型コロナに関して、仮に、ワクチンや治療薬の開発をプランAと呼ぶなら、ダチョウ抗体は、手軽に感染予防対策するためのプランBってところだろう。

どちらも大切ですわ。

ダチョウ抗体のこれから

先日、面白いアンケート調査をした研究者の報告を読んだ。

サイエンスを信じる人の割合と、マスコミを信じる人の割合を国ごとに調べたものだ。

さて、結果はいかに？

米国では、サイエンスを信じる人が八二％を占めるのに対して、日本ではわずか三一％だった。

逆にマスコミを信じると答えた人は、米国ではわずか一九％、しかし日本では七七％⁉

今回のような新興感染症の場合、やはり信じられるのは科学であり、必要以上に恐怖心をあおるようなマスコミの報道内容は危険だ。

ただ、いまのところ、日本は感染者も死者もすごく少ないので、サイエンス情報派もマスコミ情報派も混在しているいまの状況は、感染拡大防止に、ほどよく作用しているとも考えられる。

「新型コロナウイルスはいつまで続きますか？」

こういう質問をよく受けるが、正直いってわからない。

基本的には風邪の原因となるコロナウイルスなので、感染しやすく軽症で済むはずだが、新型コロナウイルスはぼくらの予想を超えた凶器をもっている。この凶器の正体をつかまないうちは、一網打尽というわけにはいかず、何度もくり返される可能性は十分ある。

そもそも、現代科学はウイルスの起源すら解明できていない。

ウイルスには核がないので生物ではないが、じゃあ、生物でもないものがどうして動植物の生命をおびやかし、一方では、進化に影響を与えてきたのだろう。

ウイルスは何者なのだろう？

わからないということでは、人類の進化にしても同じだ。

サルから進化したといっても、たとえば古代文明は大河のそばに同時多発的に登場している。ぼくらは地面の奥から表出したものを頼りにして、想像を膨らませているだけだ。

ダチョウにしても人間にしても、いくつか種があって、それが交尾をして子どもが生まれる。そうやって親から子へと次世代へつなげ、環境が大きく変化すると、その環境に適応するように進化してきた。

ネアンデルタール人やホモ・エレクトスなど二足歩行をするヒトが何種類もいたなかで、ぼくらホモ・サピエンスの誕生も、劇的な環境変化が関係しているという説もある。

ダチョウだって脳みそはアホだが、今まで生き延びてきた。どんな生きものも、生きることに関してはプロフェッショナルなのだ。生きて次世代を残すという基本に立ち返ると、ＩＱの高さも、見かけも、富や名誉も関係ない。必要なのは「食う、寝る、交尾（エロ）」、つまり本能だけだ。

人間は交尾（エロ）をする能力をつけるために、小さいときからごはんを食べて、性成熟に達する。

一方で、交尾をする相手を見つけるために、自分を飾ろうとする。それは鳥の世界でも同じだが、人間、とくに日本人の場合は、イジメにあってしまうかもしれない学校に、がんばって登校し、塾に通って夜遅くまで勉強し、進学すると給料のよい就職先を探し、勤勉に働くことで、自分に付加価値をつけてきた。

なぜなら、人間は鼻のなかにある鋤鼻器（ヤコブソン器官）というフェロモンを感じとる機能がほとんど退化して、何か付加価値をつけなければ、交尾の相手を見つけられないからだ。

じつは、この鋤鼻器にあるレセプター（受容器）を刺激するダチョウ抗体を研究中だ。レセプターが刺激されると発情する。オスとメスのアフリカツメガエル数匹を水槽に放し、そこに開発途中のダチョウ抗体をちょこっとだけ垂らした。

一五分後、何が起こったか？

カエルたちはいっせいに交尾をはじめた。

まだ人間では試していないが、このダチョウ抗体を誰でも香水感覚で使えるようになったら、もっさい男でも、お目当ての女性の鼻先でシュシュッとスプレーするだけで、彼女の鋤鼻器にあるレセプターが刺激されて、「あなた、すてき〜♡」と思われる。そして、彼女との間に子どもをつくることができる。

しかし、そうなると人間社会が根本的に変わる。実力とか仕事とか容貌でアピールする必要がなくなるからだ。

新型コロナのパンデミックで、ぼくは、一八世紀の産業革命以降続いてきた社会構造や価値観が、変革の時期を迎えたのではないかと、思うようになった。

変革の序章は、ＩＴの誕生や超高齢化社会の到来で、すでに三〇年も前からはじまっていた。そして新型コロナは、ロックダウンや外出自粛といったかたちで、ぼくらに意識改革を迫った。

オンラインで顔を見ながら授業も会議もできる。「どこでもドア」を手に入れたぼくらは、毎日、勤勉に満員電車に乗って、通学・通勤しなくてもよくなった。感染症予防という観点では、いわゆる「３密」を回避することはきわめて重要だ。

鉄道、飛行機、船など大量輸送の交通機関で人が大移動しなければ、空を飛ぶ鳥や昆虫が感染を広めることはあっても、新型コロナウイルスのように、短期間に地球規模で感染拡大という事態は起こりにくい。

今後ＡＩが発達して、人間の仕事をロボットやコンピュータがやるようになると、人間はすることがなくなって暇になる。

ダチョウ抗体スプレーをお目当ての相手にスプレーすれば、自分に付加価値をつける必要もない。そうなると競争もなくなり、「食う、寝る、交尾（エロ）」の時代になるのかもしれない。

人々がシンプルに生きていた縄文時代は、一万年も続いた。

当時はマイクロプラスチックとなって海を汚し、魚を通じて人間の体内にも侵入してくるプラスチックもなかった。農薬もなく、自然と共存しながら収穫した農作物や自生する植物、不便な道具で魚や動物をとって食べた。自然に対して謙虚さを忘れず、神という見えない存在を信じ、縄文人は持続可能な社会を築き、その暮らしを守ってきた。

現代人の価値観では受け入れられないかもしれないが、このたびのパンデミックがきっかけとなり、縄文人のように、必要なものだけを手に入れて、ボーッとすごして生きていく人畜無害な時代がやってくる可能性だってあるのだ。

何が正解なのかわからない。それがｗｉｔｈコロナの社会かもしれない。

ぼくは、ダチョウさんと一緒に、この状況に立ち向かうことしかできないけれども、長渕剛の歌を歌いながら、ハイテンションで気張りますわ。

あとがきに代えて

インコとエミューと大学

京都府立大学で、実用化に向けたダチョウ抗体研究をはじめて一三年がすぎた。大阪府内の自宅から大学までは車で約一時間。毎朝五時に起きると、まずパンをかじって、それからインコたちの世話をする。インコ飼育歴は四八年だ。

ヨウム……………………ヨウちゃん　♂　市場価格約一八万円
ズグロシロハラインコ(頭黒白腹)………ゴリちゃん　♂　市場価格約二〇万円
ワキコガネウロコインコ…………ラッキーちゃん　判別不能　市場価格約一三万円
オカメインコ………………トッキーちゃん　たぶん♀　市場価格約　七万円
モモイロインコ……………モモチャン　♂　市場価格約五〇万円

ペットの小鳥は、意外に高く取り引きされている。ぼくは、この子たちをペットショップやブリーダーから引き取ってきた。大学の学長になろうが、感染症の専門家になろうが、ダチョウ抗体を開発しようが、ぼくは獣医だから、友人知人から「診てほしい」と頼まれれば断らない。むろん、ボランティアだ。

この五羽は、ヒナから成長していく段階で、さし餌からふつうのエサに切り替わる時期に病気になった。鳥の子育てでは、タイミングを見誤るとエサを食べなくなり死んでしまう。とくにインコは難しい。五羽はからだも小さく、売りものにならないというので、自分で飼うことにした。焼き鳥にされたら、かわいそうだ。

犬種や猫種にも人気の波があるように、小鳥の世界にもブームがあって、最近はちょっと下降線。それでも、小鳥を診察できる獣医は増えている。哺乳類と鳥類は解剖学的にも生理学的にも全然違うので、専門医が増えて、ぼくとしてはホッとひと安心といった感じだ。

鳥は、知れば知るほど魅力的な生きもので、それがおもしろくて、ダチョウ博士という異名がつくほどのめり込んだ。

散歩の時間になると、ぼくや学生のあとをついて大学のキャンパスをうろついているエミューたちも、研究目的ではあるが、半分はぼくの趣味。

エミューはダチョウと違い、家畜伝染病予防法のもとではペットに分類される。そのため、治療以外の実験目的で注射を打つ場合は、大学内の生命倫理委員会などで審議しなければならない。だが、卵なら自由に実験ができる。冬になると産卵の時期を迎えるので、その卵のタンパク質をダチョウ卵と比較研究する。

と、周囲にはもっともらしいことをいっているが、大学のなかで飼いたかったというのが本音だ。

最初のころ、キャンパスを散歩していると、学生たちはクモの子を散らすように逃げ出した。ところが、エミューが人畜無害だとわかると、興味をもって近寄ってくるようになった。ひとり暮らしの学生も多いなか、大学に来て、ふっと気が抜ける時間をもてるというのは、大切なことだと思う。

京都府大は京都市の北部にあり、緑豊かだ。隣には京都府立植物園もある。

木々の葉ずれの音、小鳥のさえずり、虫の声。夜間にはタヌキのような野生動物が散歩していることもあって、学生たちは無意識のうちにこうした自然の営みにふれている。

社会に出て困難に直面し、ふっと学生時代の光景がよみがえったとき、キャンパスをうろつくエミューの様子がカギとなって、思い出の扉が開いていけば、力がわいてくるのではないだろうか。そう、なつかしい音楽を聞いて元気が出てくるように。

京都府大は文学部、公共政策学部、生命環境学部と三学部で構成され、いずれも京都府職員をはじめ、自治体職員、教員、学芸員、民間の大手企業などへ進む学生が目立つ。府立大学ということもあり、各学部とも先生たちは日頃から、地域活性化のアドバイスや調査研究など、京都府内全域で活動している。

しかも、先生たちは教員としての対応もきめ細やかで、学生の一人ひとりの顔も覚え、卒業生の就職先や出身地まで記憶している。教員と学生が密に付き合っていた証しだろう。

ぼくが二〇二〇年度から三年間の任期で学長を引き受けたのも、地域振興や産学連携にこだわりがあるからだ。産学連携といっても、調印式だけで終わってしまう形式的な連携もある。しかし、サービスやモノづくりなど実践的な形で社会に貢献しないと、本当の意味での産学連携とはいえない。

京都府立大学には地域振興や産学連携の土台があったので、自分の経験をさらに生かせるのではないかと考えた。

ところが、新型コロナウイルスのパンデミックが起きた。就任直後から大学は臨時休校。大急ぎでオンライン授業の準備にとりかからなければならなかった。

予算がないので、ぼくも含めて教員は皆、自分でオンライン用のビデオや資料を制作。セミの季節を迎えると、制作したビデオにミンミン、ジージーとセミの声が混じってしまった。しょうがないので、あとでセミの声だけを消すのだが、これにまた手間がかかる。みんな、休日返上で授業の準備を進めた。

先生たちの研究室前に「オンエア中」と札がぶら下がっていれば、それはオンライン授業中を意味し、ドアもノックできない。

オンラインは楽だろうと思うかもしれないが、少なくとも大学についていえば、資料や動画制作に時間がかかり、大学内で授業をしたほうがずっと楽だ。

しかし、オンライン授業が成立したことで、大学に行って学ぶという従来のスタイルは、変わっていく可能性がある。

たとえば、世界的に有名な教授たちの講義を自宅にいながらにして受けられるとしよう。そうなると、大学制度そのものが見直されるかもしれない。パソコンやタブレットが、「どこでもドア」の役割を果たし、とくに座学だけで済む学部は、パソコン画面がキャンパスということも起こり得る。

有史以来、感染症はぼくら人類の歴史を塗りかえる起爆剤だった。新型コロナウイルスのパンデミックも、おそらく起爆剤になるのではないか。

歴史の大きなうねりに溺(おぼ)れてしまわないように、ぼくらも考え方を切り替えたほうがいいのかもしれない。本能のままに生きて子孫を残してきたアホなダチョウに、「食う・寝る・交尾」しか頭になく、サバイバルのヒントが隠されている可能性だってある。

ぼくの次の目標は、長年おこなってきたダチョウ抗体のがん検査薬を完成させることだ。腫瘍(しゅよう)マーカーでがん細胞を見極めるのは難しいが、ダチョウ抗体なら微量ながん細胞も見つけられ、安く大量に検査キットをつくれる。ワニ抗体を開発しようとして、ワニに注射針を刺そうとしたら、皮が硬くてダメだった。

やっぱりダチョウさんなのである。

おしまい

著者略歴
塚本 康浩（つかもと やすひろ）
京都府立大学　学長・獣医学博士
1968年京都府生まれ。1994年大阪府立大学農学部獣医学科卒業。1998年同大学院博士課程修了（獣医学博士）。1997～1998年カナダ・ゲルフ大学獣医学部客員研究員。1999年ダチョウ牧場「オーストリッチ神戸」のダチョウ主治医に就任し、本格的なダチョウおよびダチョウ抗体の研究を始める。1998年大阪府立大学農学部・助手、2006年同准教授を歴任後、2008年京都府立大学大学院生命環境科学研究科教授、2018～2020年同研究科長、2020年京都府立大学学長に就任。
超大型鳥類であるダチョウを用いた新規有用抗体の低コスト・大量作製法の開発および、がん細胞における細胞接着分子の機能解明とその臨床応用化、高病原性鳥インフルエンザ防御用素材の開発を研究。2008年京都府立大学発ベンチャー「オーストリッチファーマ株式会社」を設立。ダチョウの卵から抽出した抗体を用いて新型インフルエンザ予防のためにマスクを開発。以後もダチョウ抗体を利用したさまざまな研究（がん予防・美容など）に取り組む。
著書に『ダチョウはアホだが役に立つ』（幻冬舎）、『ダチョウ力』（朝日新聞出版）、『ダチョウの卵で、人類を救います』（小学館）などがある。

編集協力／佐々木ゆり
本文写真／PIXTA

ダチョウ博士の人畜無害のすゝめ

2021年5月8日　第1刷発行

著　者　塚本 康浩
発行者　唐津 隆
発行所　株式会社ビジネス社
〒162-0805　東京都新宿区矢来町114番地 神楽坂高橋ビル5階
電話　03(5227)1602　FAX　03(5227)1603
http://www.business-sha.co.jp
印刷・製本　大日本印刷株式会社
〈カバーデザイン〉斉藤よしのぶ
〈本文組版〉茂呂田剛（エムアンドケイ）
〈営業担当〉山口健志
〈編集担当〉本田朋子

ISBN978-4-8284-2252-7